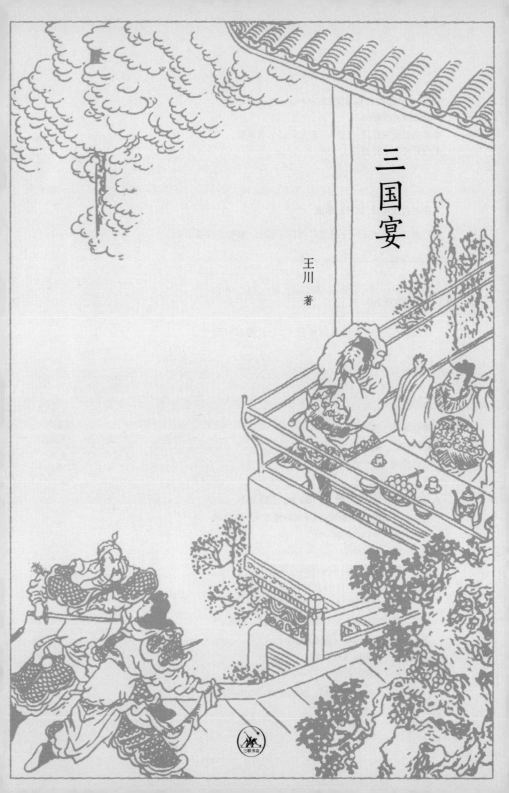

三国宴

王川 著

三联书店

图书在版编目（CIP）数据

三国宴／王川著．—北京：生活·读书·新知三联书店，
2017.11
ISBN 978−7−108−05938−3

Ⅰ．①三…　Ⅱ．①王…　Ⅲ．①饮食－文化－中国
Ⅳ．① TS971.202

中国版本图书馆 CIP 数据核字（2017）第 129123 号

责任编辑　唐明星
装帧设计　刘　洋
责任校对　张　睿
责任印制　宋　家
出版发行　**生活·讀書·新知** 三联书店
　　　　　（北京市东城区美术馆东街 22 号　100010）
网　　址　www.sdxjpc.com
经　　销　新华书店
印　　刷　北京隆昌伟业印刷有限公司
版　　次　2017 年 11 月北京第 1 版
　　　　　2017 年 11 月北京第 1 次印刷
开　　本　880 毫米 × 1230 毫米　1/32　印张 6.5
字　　数　100 千字　图 92 幅
印　　数　0,001−5,000 册
定　　价　48.00 元
（印装查询：01064002715；邮购查询：01084010542）

目 录

蔡邕书经

　　三国是一个伟大的时代，那个时代英雄并起，诸侯纷争，涌现出许多伟大的人物。我们可以从后来的小说《三国演义》中找到这些杰出人物的影子。这些人和事除了在书中可以读到，我们还可以将此做出一桌丰盛的"三国宴"呈现出来。

　　蔡邕，字伯喈，是东汉末年的大学者、文学家，也是著名的书法家。他在汉献帝时期曾拜左中郎将，因而后人称他为"蔡中郎"。陆游的诗中有"死后是非谁管得，满村听说蔡中郎"，足见直到南宋，他的故事还在乡间流传，可见百姓熟知其人。当时知识分子所读的经书多有讹误，也不易保存，因此他上书朝廷，请求把这些古代经典刻在石碑上，汉灵帝允许了，命他来主持此事。蔡邕等人在校订了古经之后，把《尚书》《周易》《春秋》等六部经书用隶字书写，刻在四十六块石碑上，置放在太学讲堂前，作为史证，供人观瞻。由于这事是在东汉熹平年间做的，这些石碑被称为"熹平石经"。这是中国出现最早的书法石碑，蔡邕功不可没。

"蔡邕书经"　毕士荣江鲜馆　魏静制作

　　"熹平石经"所用材料为长方形的石板，要做成"三国菜"，就要选外形为长方形的食材。长方形的食材很多，一种是可以用鳕鱼来做。鳕鱼是冷水里的鱼类，体大肉厚。这种鱼主要生长在北大西洋和北太平洋的海域里，其肉质厚嫩，颜色雪白，是一种非常名贵的鱼。欧洲的做法比较简单，一般为烤制；日本的做法则切成刺身，生吃。中国烹制鳕鱼的方法较多，清蒸、红烧、盐焗、油炸等等。因为鳕鱼块大肉多，可以切成长方形，类似中国的"碑"，所以可用它来做这道"蔡邕书经"。

　　把鳕鱼切成长方形，用盐略腌一下，然后用锡箔包上，放入烤箱里焗，包锡箔的作用是为了让热量均匀地传入，也不让热量散发，不至于一下子被烤焦。将焗好后的鳕鱼一块一块地摆放盘中，最后在包鳕鱼块的锡箔上写上"熹平石经"四个字，那是最为妥帖的。

可能有人会说，碑都是黑色的，用白色的鳕鱼来做，颜色不对。要知道，刻碑要选取白色的大理石，因为它的石质细腻洁白。刻成后，被无数的人用墨来拓印，加之时间久远，当然就变成黑色的了。熹平年间的碑刚刻成，自然是白色的，选取鳕鱼来做此菜，是没有问题的。

汉灵帝胡饼劳军

　　烧饼应该是中国最常见的一种食品，无论在何时何地，都可以买到这种价廉物美的小吃。烧饼在不同的地方有不同的叫法。北京叫螺蛳转儿，山东叫火烧，安徽叫侉饼，四川叫锅盔，陕西叫白吉馍，上海叫大饼，江苏叫烧饼，陕北叫油旋，新疆叫馕。但可能很少有人知道，烧饼是一种"舶来品"，而且是一种历史悠久的"舶来品"，早在大约两千年前就已悄然来到了中国，它的故乡在遥远的西域，据说是被班超带回来的；那个时候的中国习惯把一切从西方引入的东西都称之为"胡"，所以它就得名为"胡饼"。

　　胡饼的原料——小麦——的原产地在更西更远的叙利亚一带。小麦早在三千多年前就来到了中土，在中国的甲骨文字里，它叫作"来"，表示来自远方，这个字的外形也像个麦穗下垂的植物。"来"是来了，但素以"粒食之民"而著称的中国人却不会吃它，中国人喜欢吃一粒一粒的粮食，也就是说把粮食煮熟了吃，形成所谓"饭"。早期的人们也把麦子煮熟了吃，称为"吃麦饭"。

但麦子不同于稻子，整粒不脱皮的麦粒虽然煮熟了，但却粗粝而难下咽。胡饼的传入，教会了中国人如何吃小麦，原来小麦是要磨成粉后烘烤才好吃的！最早的胡饼上沾有芝麻，芝麻也被称为"胡麻"，有了它胡饼吃起来更香。做胡饼的小麦粉要经过发酵，然后贴在炉壁上烘烤出来。刚出炉的胡饼，香脆诱人，人人都喜欢。

但是，胡饼刚被引入中国时，并不是一种大众食品。由于来自远方，或许是西域国进贡的珍馐，所以最早能够享受到此美味的人是皇帝。《续汉书》中载："灵帝好胡饼，京师皆食胡饼。"汉灵帝觉得胡饼又稀罕又好吃，不但自己吃上了瘾，还用来赏赐臣下，于是京城里的上流社会就充溢着喷香的烧饼味，每个大臣都爱抱着烧饼啃，如同当今用汉堡来代替米饭，这是一种时尚。

烧饼的历史已有两千年，出现了多种做法和样式：有的用发酵的面来做，有的用不发酵的"死面"来做；上面有芝麻的叫烧饼，没有芝麻的叫火烧；有的饼内夹酥，有的不夹酥；有的有馅，有的无馅，有馅的叫馅饼，平常大家吃的烧饼大都无馅。但要讲究一点儿，也可以变无馅为有馅，在饼里夹了肉菜吃。最有名的是西安的白吉馍夹肉，是用不发酵的死面打成饼，烘熟了，当中剖开，在里面加入剁碎的卤猪头肉，一咬喷香，满口流油，这种美食，明明是烧饼夹肉，可当地人却称之为"肉夹馍"。其他地方的肉夹馍有夹驴肉、牛肉、猪肉、羊肉的，也有夹菜、油条之类的食材，随人喜好。北京有一种肉末小烧饼，原为贡品，口感比普通烧饼细腻。山东的周村和藤州、浙江的建德，都以烧饼出名。

　　江苏烧饼的标准与北方不同，北方讲求面紧，嚼着筋道，吃了耐饿，以不发酵的死面来做最好。江苏的烧饼讲求有酵、面暄，有酥，加馅，脆香，一咬就碎的最好。烧饼里夹的酥，是用加了油的面做成的，酥的多寡与烧饼的松脆程度有很大关系，饼的芝麻多少又与香不香有关系，烘烤的火候也是大有讲究的。江苏一带把带酥的烧饼叫作"擦酥烧饼"，酥多的叫"重酥烧饼"，没酥的叫"干炕烧饼"。烘烤烧饼也有讲究，现在一般用煤火烤，甚至用电烤的，都不好吃，因为缺少烟火味，不香。以前用柴火烤，最讲究的是烧稻草来烤，先大火后小火，

"汉灵帝胡饼劳军"　　镇江大酒店　　陈复林制作

最后只剩余烬，可以根据饼的生熟程度来调节温度，慢慢烘，叫"草炉烧饼"，以泰兴黄桥的草炉烧饼最出名，最暄最脆最酥最香，类似北方的"掉渣儿烧饼"。更讲究的还有"吊炉烧饼"，面胚做好后不是贴在炉壁上烤，而是吊起来烤，让火焰正对饼面，充分地烘透，故口味更好。北京还有焖炉烧饼，也是同类食品。有芝麻酱烧饼、肉末烧饼，可就着喝豆汁。

有人嫌烧饼摊上的烧饼不合自己口味，还拿上自己家中的原料去特意加工，有的加入重酥，有的加入猪油白糖，有的加入自己熬的豆沙。有的拿家里熬过油的猪油渣放在里面烤，油渣一经火烤之后，里面的油就慢慢地沁入饼中，口味更佳。黄桥烧饼里夹的馅品种丰富，最普通的是葱油酥烧饼，讲究一点的加入生的猪油丁，也有夹豆沙的，夹白糖、芝麻的，夹椒盐的，夹猪油丁、白糖的，夹萝卜丝的，个人认为以夹萝卜丝的最香。现在的烧饼则无所不夹，但凡夹鸭油、咸肉、鸡蛋、奶油、肉松、火腿、霉干菜、香肠、核桃仁、虾仁的我都吃过，甚至肯德基现在也在卖夹有培根、生菜和鸡蛋的"法风烧饼"，不知这是"西风东渐"还是"东风西渐"的结果？但一般人还是觉得夹葱油的烧饼最好吃。袁枚《随园食单》里介绍了烧饼的做法："用松子、胡桃仁敲碎，加糖屑、脂油，和面炙之，以两面煤黄为度，而加芝麻。"这已非大众食品，而是贵族食品了，物尽其极，当然好吃。

烧饼形状大多以圆形的为主，有大有小，大的如巴掌；小的如乒乓球，可以一口一个。上海有一种烧饼叫"蟹壳黄"，是因为它的大小如同一只中等的蟹，表面又被烤得焦黄，就像一只煮熟后的螃蟹，故而得名。但也有方形的、斜菱形的、长方形的烧饼，当中划几道竖痕，以利于烘熟，这种烧饼有一个有趣的名字"草鞋底"，是以其形命名，正如"袜底酥""牛舌饼"也因形状而得名。草鞋底烧饼最便于夹油条同食，这是江南人最普遍的早点食品，一饼一油条称为一"副"，配上豆浆，算是中国的汉堡包。

镇江有一种特殊的面点，叫"京江脐子"。说它特殊，是因为它虽然也是用火烤出来的，但它的形状不方不圆，却是六边形。底部放在火中烤得焦黄酥脆，饼上部用刀剖开六只瓣就像一只被剥开后的橘子，当地人称之为"金刚脐子"。这是镇江特有的一种点心，而且叫法不一，有人叫金刚脐子，有人叫老虎脚爪，有人叫京江脐子。镇江古称京江，受吴语的影响，"京江"读成了"金刚"，"脚爪"读成了"脚早"，即"蹄子"；可能"京江脚爪"被转换成了"京江蹄子"，最后就被转读成了"金刚脐子"——在吴语中，"脐""蹄"的读音是非常相近的。它的制作方法与烧饼差不多，都是用发酵的面放在炉中烤出来的，口味有甜、咸两种，但表面不沾芝麻，面里不夹酥。当地人一般用来做下午的点心吃，称为"晚茶"。金刚脐子泡在羊肉汤里吃，滋味更佳。这当是胡饼的一种异类吧。

按理说，《三国演义》上并没有胡饼的记载，似乎和"三国宴"扯不上边。但是，汉灵帝时已经闹起了黄巾起义，《三国演义》就是以黄巾起义开头的。汉灵帝虽然是个昏君，但当时各路诸侯纷纷起兵勤王，汉灵帝就要派人去犒劳军队，除了赏赐财物之外，汉灵帝居然派人做了大量的胡饼去劳军。东汉时的胡饼是御用食品，能够赏赐臣下就是一种殊荣了，那批虎狼之师在接到御赐的胡饼后，肯定要感激得掉下泪来，应当会举饼山呼万岁吧。

喜欢烧饼的不仅只有汉灵帝，后世多有继承者。"安史之乱"时，唐玄宗偕杨贵妃仓皇出逃，饥而无食，多亏了杨国忠于荒村中找来几枚烧饼供他们充饥，此时的烧饼已远胜御厨珍馐。无独有偶，唐僖宗在黄巢的攻击下失国入蜀，也是靠烧饼来充饥的。平民皇帝朱元璋也喜吃烧饼，甚至啃着上朝阅奏章。以烧饼劳军，后世也有沿用，新四军在黄桥一役大胜，当地民众就做了烧饼去劳军，唱出了《黄桥烧饼歌》。抗美援朝时，周村人民也做了烧饼，远送到朝鲜去慰问志愿军，烧饼走出国门，立了大功。

因此，作为点心，烧饼可以上"三国宴"。至于上什么烧饼，那就得应时而变了。

黄巾乱世

《三国演义》的第一回开宗明义就写了黄巾起义的故事。书中写道："朝政日非，以致天下人心思乱，盗贼蜂起。"这个"盗贼"，指的就是黄巾军。

东汉末年，巨鹿郡有兄弟三人，分别叫张角、张宝和张梁，据说得了南华老仙的指点，授以《太平要术》三卷，教他们拿此书去普救世人。于是张角便自号"大贤良师"，学得一些呼风唤雨的法术后，又广收徒弟，聚众作乱，分天下为三十六方，各立渠帅，称为将军，提出"苍天已死，黄天当立；岁在甲子，天下大吉"的口号，一时八方响应，万民蚁聚，发动起义。张角自号"天公将军"，张宝自号"地公将军"，张梁自号"人公将军"，率四五十万众而反，人人头上都裹一方黄巾，以为标识。一时势大，吞州漫县，官军望风败逃，引得朝廷火急调各路军马前来勤王救驾。《三国演义》的故事就此展开。

要设计出"黄巾乱世"这道菜，当然要着眼于"黄"和"巾"两大元素。我选择了金针菜来做。金针菜又叫黄花菜，它的学名叫萱草，也叫忘忧草，在春秋时开黄花，花蕾细长，花瓣肥厚，色泽金黄，香味浓郁，食之清香、鲜嫩，营养也很丰富，可以趁鲜时食用，也可以干贮，泡发后再食。它食用广泛，可以凉拌；可以单炒；也可以配菜烧，和鸡蛋、肉丝炒；还可以剁碎后做馅；其味都甚佳。

这道"黄巾乱世"是将黄花菜凉拌。把新鲜的黄花菜根部的花蒂摘掉，用开水烫熟后，挤掉酸苦的汁对半切一下，加麻油、酱油、味精，加少量糖，凉拌即成。摆盘时不要摆得太整齐，而要故意地乱七八糟堆着，以突出个"乱"字。这样一来，"黄""巾"（金色）和"乱"三个字都有了，口彩好。

之所以有金针菜和黄花菜两个名字，一个是因为取金针的花蕾来入食，其花蕾晒干后紧缩，如同一根金针，故此而得名；而黄花则是因其正在盛开时的状态而得名。金针菜好像是南方的叫法，北方多叫黄花菜。北方有句口头禅，叫："黄花菜都凉了！"这是说要赶紧，否则就晚了的意思。但我到现在也不明白，为什么会用黄花菜来做此比喻？因为黄花菜无论是热炒还是凉拌来吃都可以，它不是荤菜，即使凉了也不要紧的。

金针菜、木耳和香菇是中国素菜中的三大主食材，无论是作为配菜或是主菜都可以。木耳和香菇是需要培植才能生长出的，特别是香菇的生长期较长，价格较贵。金针菜对土壤的要求不高，田间地头，随处可长，花也开得盛，吃鲜的或干的都行，而且口味不减。

黄花菜炒鸡蛋，是最普通的一种菜肴，其味鲜美。有的地方还在黄花菜炒鸡蛋中加入粉丝，但要把黄花菜切碎，使其和蛋屑为茸状，就能沾附在粉丝上，因为粉丝是无味的，有了它们就可以吸之入味。黄花菜、鸡蛋加肉丝炒也行，那就是北方较出名的一道菜：木樨肉。所谓"木樨"，就是桂花，此花为细碎的黄色，鸡蛋炒碎后夹在金针菜和肉丝里，有如桂花，因

"黄巾乱世"　宴春酒楼　明旭制作

而得名。曾经有一则民间笑话，说一位暴发户，突然间致富了，不知道钱怎么花，就揣着钱走进天津一家大饭馆里，掏出一大沓钱来往桌上一拍。店小二见他土头土脑的，有点瞧不起他，爱理不理地问他："爷想吃吗？"他拿着菜单看了又看，不知道什么菜好吃，想起他妈经常说的："到馆子里去，好吃又不贵的就是木樨肉。"就说要份木樨肉！店小二一听，知道他是个吗事不懂的土老帽，收起菜单说："这里是大店，没这个菜，要吃您家吃去！"可见木樨肉是份家常菜，因为它的原料来源都很家常。

　　我偶尔也到寺庙里去吃素菜。中国佛教寺院里的素菜谱，豆制品、面筋和金针菜、木耳、香菇这几样是当家菜，占的比重很大，几乎每一样菜里都有它们。只不过，用多了金针菜，其味有点酸，若在食用前泡开，先把菜中的酸汁挤掉再炒，就会好点。中国人包饺子，也喜欢从墙角屋后摘点黄花菜来，剁碎了夹进去，和上田头摘来的荠菜，就是上好透鲜的居家美馔，也是一道很大众化的美食。

　　"三国宴"并不都是由珍贵的食材而制成。这道"黄巾乱世"就取之平常食材，是家家都能吃得起的普通菜。

桃园三结义

果桃园豪杰三结义

　　在《三国演义》里，最为脍炙人口的故事就是桃园三结义了。中国人无论男女老少，无人不知刘、关、张桃园结义之事。

　　东汉末年，灵帝昏聩，任用内宦，天下无道，盗贼蜂起。巨鹿郡有张角三兄弟领导了黄巾起义，一时势大，官军望风而靡。朝廷急招三路军马前往征伐。幽州太守响应，贴出榜文，招募义兵。

　　涿县有一位中山靖王的后裔，叫刘备，见到榜文时，遇见当地一位以卖酒屠猪为生的张飞，两人又在酒店里遇见了一个来自山西解州的小贩关羽。三人都是胸怀大志、欲破贼安民之人。当下谈得投契，便共同来到张飞的庄上，共议大事。第二天即在庄后的桃园里，备下乌牛、白马等祭礼，结拜为异姓兄弟。刘备年长为兄，关羽为次，张飞为三弟，发誓同生死，共患难。张飞决定散尽家财，招募家丁，收拾军器，投奔朝廷，剿灭黄巾立功。从此，刘、关、张成为中国历史上最出名的结拜兄弟，他们忠义刚烈的行为也成为千古佳话。

要把"桃园三结义"的故事做成"三国菜"的难度很大，首先要确定刘、关、张在结义方面最主要的是什么，或者说是取什么重点来做这道菜。有的菜是用瓜果雕刻成三个人的像，下面摆鲜桃。有的则是把菜摆成双股剑、青龙偃月刀和丈八蛇矛的图形，以三人所用兵器来做文章。还有的菜用刀豆烧肉，旁摆鲜桃。这些似乎都不太妥。

我想从刘、关、张这三个人的职业上着手，点出三个人的出身。刘备虽是皇室之后，但到他这辈时已是平民，只能靠贩卖草鞋和织席子为生，是个自谋自足的小手工业者。三个人之中，刘备最为贫穷。张飞靠卖酒杀猪为生，颇有资财，还有个庄园，应算是个小地主了。关羽则是推车卖货的小贩，但他究竟卖什么，《三国演义》中并没有交代，只是说他推着一辆车子。大

"桃园三结义"　　宴春酒楼　　李传信制作

概因为书中说他"面如重枣"，所以民间才说他是卖红枣的，因为山西产枣。

"桃园三结义"这道菜就以他们三个人的职业特点来创意。张飞是卖肉的，我不想用一般的红烧猪肉来表现，而是选用福建产的烤培根，将腌好的五花培根切片，涂上蜂蜜，用炭火烤得微焦后，摆放在一片用竹篾编成的容器上。在旁边另放一小盘，里面放几只中东产的椰枣，即俗称的伊拉克蜜枣，当然还要放一壶酒。之所以要选这些特别的食材，是因为考虑到想出新，想有现代感，这些食材极少有人来做。因为刘备是织席子的，就用竹篾编的容器，这种容器现在在宴席上用得很普遍，就是个笸箩，一般用来装杂粮等食物。这三种元素，就不同于一般的草席、红枣和猪肉，让食客有新奇感。还有，椰枣是甜的，烤培根也是甜的，再在盘内摆上两只蜜渍的黄桃，甜上加甜。笸箩上铺一些桃叶，以突出"桃园"之意。要在笸箩旁边插上用瓜果刻的或用料糖做成的双股剑、青龙偃月刀和丈八蛇矛则更好了。

当然，如果换成是红枣烧东坡肉，摆放在竹编的笸箩上也行，我设计的这个"桃园三结义"并不是唯一的和最好的，只是其中的一种，盼望着有更好更切合故事的菜式出现。

在《三国演义》全书中，罗贯中最为着墨的人物，当是诸葛亮和曹操，他俩是全书的中心人物。

曹操是个非凡人物，他在年轻时，飞鹰走狗，游荡无度，被世人瞧不起。他的叔父也不喜欢他，把他的恶劣行迹多次向他父亲告状。曹操知此情况后，决定找机会报复叔父。一次，他在半路上遇见叔父，故意歪着嘴，斜着眼，做出怪相。叔父惊问他，他说中风面瘫了。叔父急去告诉曹父。曹父一听，也急了，忙叫来曹操询问，一看曹操的口眼完全正常，根本没有中风。他父亲奇怪，问他刚刚你叔父说你的口眼歪斜，是中风了，怎么现在是好好的？曹操说，是他不喜欢我，故意在你面前说我的坏话。曹父从此对他叔父的话不再相信。曹操变得越发放荡。

曹操武艺很了得，因为他父亲曹嵩是当红太监曹腾的养子，所以他能够随意出入皇宫。一次他私自进入了当红太监张让的室内，被张让发现了，他竟然舞着手戟，夺路而出，翻墙而回，可见其武功了得。

　　曹操到了二十岁时开始改邪归正，被举孝廉，做了洛阳的北部尉，职责是负责首都的治安工作。当时正值战乱，洛阳实行宵禁，四座城门晚上是要关闭的，防止歹徒进入，即使有事也一概不能上街。为了严格执行这条规定，曹操特意做了十余根五色棒，悬挂在城门的左右，有胆敢犯禁出入者，不管他是大官还是豪门，一概棒杀之。规定公布几日之后，有汉灵帝最为宠爱的小太监蹇硕的叔父夜里在街上行走，犯了禁律，被曹操抓到，也照律予以棒杀。这件事轰动了整个京师，从此谁也不敢犯禁上街夜行。虽然有很多权贵对此事很反对，但屡屡反对都不能动摇曹操的位置，他反而升了官。

　　曹操门悬的五色棒，其实就是缠着五色丝线的木棒，它代

"五色棒"　国际饭店　王正明制作

表着政府执法部门的权威。根据五色棒的色彩和形状，可以做成一道"三国菜"。

可做五色棒的食材很多。首先可以考虑水果，因为水果的色彩最为鲜艳。可以把黄的香蕉、红的西瓜、白的荸荠、绿的猕猴桃和紫红色的樱桃穿在一根竹签上；一桌若有八位客人，就穿八串，摆放在大盘内，非常好看，又富于营养。也可以考虑做成肉食，用红色的香肠、白色的虾段、橘色的三文鱼、绿色的黄瓜和绛紫色的烤肉穿成。还可以用彩色的冰淇淋来做成串串棒，作为冷食。

将穿好的五色棒平放在盘子里，在盘子上摆放一只用面做成的京剧脸谱曹操，以增加趣味。这是一道简单易做的"三国菜"，但其含义却不简单。

曹操献刀

东汉末年，十常侍作乱，董卓趁机领兵进洛阳，废少帝，立献帝，独揽大权，淫乱宫闱，为害天下，引起天怒人怨。司徒王允召集朝中诸位旧臣，商议除掉董卓的办法。酒过数巡之后，王允说起董卓无道，欺凌皇室，为虐诸侯的事，大家都失声痛哭。这时，曹操挺身而出，大叫道："你们这满朝的公卿，就是从夜里哭到天明，再从天明哭到黑夜，看能哭死董卓不？"王允不高兴，说你家还算是世代汉臣，不想报国，还笑我们？曹操说："我不是笑你们别的，是笑诸位无一计可杀董贼耳！我虽不才，但愿意斩董卓的头，高悬于城门之上，以谢天下。"王允听说，拉着他来到帐后，悄悄问道："你有何主意？"曹操说："现在董卓颇为信任我，我因而有机会接近他。听说司徒你有一口七宝刀，请借给我，我想带入相府，趁机刺杀他，虽死而无憾！"王允听说，对曹操的义举大为赞赏，亲自奉酒给他。曹操以酒立誓，便取了王允的宝刀佩带上，酒毕出门。

第二天，曹操佩带着宝刀来到董卓的相府，到小阁里拜见董卓。董卓问他为何来迟，曹操答说因马不好而走不快。董卓对身边的吕布说，我有从西凉来的好马，你去挑选一匹来赐给孟德。吕布领命出去挑马，座中只有董卓一人在。曹操就想拔刀刺杀，但又怕他力气大而未敢轻举妄动。不久，董卓因身体肥胖而难以久坐，倒在床上，面朝里睡了。曹操心中暗喜，心想此贼休矣！急从鞘里拔出佩刀，正要下手，不料董卓从床后的衣镜中，看到曹操在背后拔刀，急忙回身问道："你想干什么？"这时，吕布已经牵马到了小阁外。曹操十分惶惧，急切中持刀下跪说："我有宝刀一口，献上给恩相。"董卓接过刀来，见刀长一尺多，上面嵌饰有七种宝物，极其锋利，果然是宝刀，也十分喜欢，便交给吕布收下，曹操把佩刀的鞘解下交给他。

"曹操献刀"　　毕士荣江鲜馆　　陈大经制作

董卓带曹操外出看马，曹操说要骑上一试，他翻身上马，头也不敢回，出了相府，飞驰而去。

吕布对董卓说，刚才我来时看见曹操好像有要行刺你的举动，被你喝住，因此他才以献刀来搪塞。董卓说我也疑惑他呢。董卓让人去召曹操回，说如果他推托不敢来，那就是真的想行刺，即把他擒来。曹操果然不敢来，直接奔逃出东门。于是董卓遍行文书，画影图形，捉拿曹操。

这个故事里有很多的转折和悬念，有如刺客小说般精彩。这个故事的中心是"刀"，人物的举动围绕着刀来变化，富有戏剧性。戏剧《捉放曹》即从此故事演化而来。

曹操献刀虽然是他情急下的假动作，但他所持的却是真正的宝刀。像刀的食材有不少，我选一种非常珍稀的刀鱼来做"曹操献刀"这道"三国菜"。

刀鱼是产于长江下游的一种鱼，它的特殊之处在于全身瘦削细长，体形似刀。又因通体的肉内排满细而密的刺，类似尖刀，因而被称为刀鱼。刚捕上来的刀鱼通体银亮，眼睛通红，挺硬笔直，非常漂亮，前人有诗说它："皮里锋芒肉里匀，精工搜剔在全身。"这是一种洄游型的鱼类，平常生活在近海海水中，只是在每年的春初三月份时才溯长江向上，在下游的咸、淡水汇集区产卵。这时的刀鱼雌性激素激发，腹内有卵，营养丰富，味极鲜美。刀鱼一般随潮汛而进退，早晚各一次，捕刀鱼时必须一网下去，如果捕不到，刀鱼就随潮水退了，那就要等到晚潮时再捕。长江之中能够捕到的刀鱼数年年减少，而刀鱼又无法用人工来繁殖，因此日见珍贵。江南一带，以长江中所捕的刀鱼口味为最佳，称为"本江刀鱼"，而湖泊中所产的则称之为"湖刀"，其品质和价格都比不上本江刀鱼，因为这些刀鱼没有经过洄游的过程，肉质不够鲜美，但一般人既分辨不出来，也吃不出来。另一方面，虽然刀鱼每年从三月到八月都有，但以清明前捕的味最佳。民间认为，产卵时刀鱼的刺是软的，只要一过清明，刺就硬了，所以吃刀鱼要赶在清明之前。

刀鱼的性子很烈，出水即死，从没有人在鱼肆中买到过活的刀鱼。刀鱼的新鲜度随着时间的推移而逐减，看一条刀鱼是否新鲜，要看它的眼睛是否透明，越透明的越新鲜。还要看鳃和身板，鳃鲜红的新鲜，暗红色的就不新鲜了。身板硬的就新鲜，软的就不新鲜了。旧时的文人喜吃最新鲜的刀鱼，往往坐上渔船，到长江中去品茗等待，只等渔夫一网捕得，立刻在锅中烹煮即食，所以吃刀鱼如同吃荔枝，也是一种适时的消费。

刀鱼的肉味鲜美嫩滑，极度细腻，如同乳糜，入口即化，这种肉质无论是鲴鱼还是河豚都无法和它相比。只是它的肉里密密地布着细细的芒刺，难以分离，一般人根本难以入口，一吃就会被卡住，有时甚至要上医院去取，这未免会令人望而生畏，尤其对于外国人和北方人来说，请他们吃刀鱼如同受罪，无法下嘴。可以把煮熟的刀鱼夹住头，另一双筷子夹住鱼身，往下一抹，这样就可以使肉和刺分离，可保无虞了。有的地方把刀鱼煮烂之后，包在纱布里，把嫩的鱼肉挤出，做成鱼茸，再制成鱼糕或鱼丸，既保持了独特的鲜味，又免除了去刺之麻烦。

刀鱼以新鲜的为上品，所以一般的吃法是清蒸。在刀鱼上面还要覆盖上一层生的猪网油，再加笋片、火腿片和香菇，以增加其鲜味，然后用大火急蒸，熟后放点香菜，淋点麻油就可吃了，这样可以保证原汁原味的新鲜。

除了清蒸，刀鱼还有多种吃法，可以加酱油红烧，也可以做成糖醋的。如果刀鱼太小，可以把它们放入油锅中油炸至酥，再烹调料，可以连刺带肉吃。但是，最新鲜的刀鱼还是以清蒸后滋味最佳，只有不太新鲜的才用其他的方法来做。

一盘银亮如刀的刀鱼端上来，消瘦细长、熠熠生光，就如同是一把把雪亮的宝刀。曹操所献的宝刀，想必也是其锋细长，其刃如霜，以刀鱼来做成"曹操献刀"，是比较适合的。

美人计

　　在"三十六计"里，美人计属于败战计，是不得已而用之的一计。有人说一个美女能当十万兵，但这个计是否能成功还是个问题：可能对方根本不爱女色，不纳美人，甚至还有可能腰斩美人，这计也就不能成功。或者是对方已识破此计，索性笑纳，但不受之诱，也不受之制，反而白得一美人。当然也有成功的，《三国演义》里就有美人计的故事，而且不止一处。

　　第一个美人计是司徒王允施的。当时董卓在长安，倚仗其义子吕布武艺过人，自封"尚父"，蛮横擅权，骄奢淫逸，纵意虐杀，排斥异己，百官都敢怒而不敢言。司徒王允见到家中的歌伎貂蝉花容月貌，便心生一计，用她来施连环计，把她同时许嫁给董卓和吕布，以引起他们的互相猜忌和争斗，趁机除掉董卓。王允先是找来吕布，让他见了貂蝉，说是自己的女儿，应允把她嫁给他为妾。次日，王允又请董卓来自己府上欢宴，故意让貂蝉露面歌舞，又让董卓把她带回相府为妾。这样终于引起吕布对董卓的忌恨，两个人反目为仇。最后董卓欲篡汉自立，吕布在王允的策划下杀死董卓，夺回貂蝉。这一段在书中虽然王允自说是连环计，但这个连环计的实施主体是美人貂蝉，所以应该还是美人计，或者说是连环计加美人计。

第二个美人计是周瑜施的。说的是赤壁大战后，刘备以"借"的名义据驻荆州，周瑜一直骨鲠在喉，意欲取回，只是苦于无计。正巧刘备的甘夫人去世，周瑜便心生一计，想把孙权的妹妹孙尚香许配给刘备。他实际上并不是想真的为刘备做媒，而是想以此为名，把刘备骗到东吴治所南徐，幽禁狱中，作为人质，逼他交还荆州。周瑜的这一招美人计，被诸葛亮识破，他将计就计，对刘备说："我略用小谋，使周瑜半筹不展，吴侯之妹，又属主公，荆州万无一失。"他派赵云陪刘备前往护卫，按自己的三个锦囊妙计，到了南徐后就大事宣扬，拜访

"美人计"　毕士荣江鲜馆　吴开华制作

乔国老，让他带信给孙尚香的母亲吴国太，使她把假戏真做。起先吴国太对周瑜的这条计策并不知晓，直到乔国老前来道喜才知道，觉得自己被周瑜捉弄了。她找来孙权，大骂周瑜："你做六郡八十一州的大都督，直恁无条计策去取荆州，却把我女儿为名，使美人计！"结果吴国太在甘露寺相亲，看中刘备，决定把孙尚香真的嫁给刘备。赵云又借吴国太为掩护，躲开了周瑜的几次暗害。数日之后，刘备与孙夫人正式结亲，终成好事，最后安全脱身，回到了荆州。等周瑜派兵来追时，赵云已护送着刘备和孙夫人走远了，且大叫："周郎妙计安天下，赔了夫人又折兵！"

要以美人为题来做菜，却是不宜出现人的形象，只能以象征的手法。

我的这道"美人计"菜就是炒虾仁。一则是因为"仁"与"人"是谐音，"美仁"就是"美人"。二则晶亮透明、白嫩如玉的虾仁之质也与美人之肤相像，取其音近而求神似了。

虾的体内无骨刺，剥掉壳就可食，肉嫩色白，又无脂肪，口感鲜美。西班牙的海鲜饭、意大利的炒面、法国的海鲜汤里，无不有剥了壳的虾仁。但外国海鲜菜，用的全是海虾，而且只取大虾，弃淡水虾或小虾。炒虾仁是中国的特色菜，鲁菜中有炒大虾仁，浙菜中也有龙井虾仁，但这些菜中的虾仁也都是海虾，都用大虾来剥壳取仁。大的海虾肉质老、腥味重，炒出后不透明，只有扬州菜中的炒虾仁是用淡水虾，而且用的是小河虾。

扬州一带水网纵横，被称为里下河地区。这里水产丰富，所以扬州菜谱中水产的成分最多，制作的水平也最佳。提及扬州菜，我以为应推炒虾仁为首。扬州的虾仁，是取生于淡水河湖中的小白米虾，每只虾大约只有两公分长短，越小越好，越小越嫩。将刚从水里捕捞上来的最新鲜、还活着的小河虾捏在手中，用手指一捻，先挤掉虾头，再捏住虾尾，向前一挤，就把整条虾肉从壳中挤出，最为鲜活。这一过程叫挤虾仁。然后把这些虾仁用水冲洗，在炒前半小时加一点精盐腌上，放进冰箱保鲜。炒前取出，在虾仁里打入一只蛋清，和以芡粉，加入盐、料酒、味精，以猪油炒之，待其呈半透明状，起锅装盘，略浇淋一点油做色，使其美观。

炒虾仁的配料有多种，有的加入黄瓜，成为翡翠虾仁；有的加入松子，成为松子虾仁；有的加入木耳，成为双色虾仁；也有的加入花菜或是胡萝卜，让白色的虾仁带上色，好看，这些都无不可。但要论味道，我个人觉得还是清炒的虾仁最好，什么配料都不加，就是一盘虾仁，炒好后在虾仁上放一根葱，取其味至纯也。这样的清炒虾仁，在别处难以吃到，只能在扬州深巷里的私家厨房里觅得。这种虾仁细、嫩、滑、鲜、淡、清，透明晶莹，入口即化，颇似美人般清纯、高洁、淡雅的品格，不同于那些呆大肉木、健妇般的海虾仁。

但是，为了更有"美人计"的意味，也不妨在虾仁中放入腰果或松子。这些美味的果仁，也是"美仁"，味道也不错，与虾仁相谐调，还应了"美人"的口彩。

但是，这盘"美人计"菜端上来后，还不能就这样干吃，还要附上一只调味碟。这种调味碟是由三格组成的，里面放着芥末、蚝油和番茄酱，绿、黑、红三色的调味料非常好看，可根据各人的喜好，搛了虾仁来各蘸一味。也有把蚝油换成镇江香醋的，这样的虾仁能吃出螃蟹味来。以一菜而兼鲜、辣、咸、酸、甜五味，口味不一般，大家不妨一试。另外炒虾仁最好盛在龙泉青瓷的盘子里，调味碟用白瓷，虾仁是洁白透明的，调料是三色的，色、香、味、形四元素俱全了，称其为"美人计"菜也不为过。

最后还要提醒一下，那些虾头、虾尾和虾壳不要丢掉，还有妙用。虾头里有丰富的虾脑和虾黄，可以把虾头收集起来，用小锤砸碎，用油略煸一下，放水煮汤，再放点茼蒿进去，红壳绿菜，既美又鲜。这个汤叫虾脑子汤，富含磷、钙等营养元素，越喝越想喝。

孙坚获玺

孙坚是江东的一员虎将，浙江富阳人，是春秋时著名军事家孙武的后人。他十七岁时就能够斩杀盗贼，以后又屡建奇功，被朝廷任命为下邳县丞。东汉末年，黄巾乱世，孙坚随朱俊起兵征讨，因立有战功而被封官。以后董卓趁机入京，废掉汉少帝，立九岁的刘协为汉献帝，自己独揽朝政大权。袁绍与曹操等奉诏起兵讨伐，各路诸侯共十八镇都起兵响应，其中孙坚率第十六镇，自领为前部先锋，向洛阳杀来。他和刘、关、张联合作战，一连几仗，打败董卓。董卓挖掘皇室陵墓，剖棺取财，放弃洛阳，驱赶洛阳民众数百万口，挟持献帝，迁都长安。

临走时，董卓纵兵大掠，放火焚烧洛阳城，尽毁宫殿。孙坚率先进城，扑灭宫中的余火，掩埋董卓所发掘的陵墓。孙坚就在汉皇宫的建章殿殿基上设帐，令军士扫除宫殿的瓦砾。突然听得有军士来报，说在殿南的甄官井上，有五色的光升起，不敢汲水。孙坚命军士点起火把，下井打捞。结果从井底打捞出一具妇人的尸体，虽然泡在井中日久，但尸体并未腐烂。她一副宫廷装束，颈下吊着一个锦囊，打开看时，发现囊里还有一只朱红的小匣子，用金锁锁着。孙坚打开朱匣，里面是一方玉玺，有四寸见方，上部镌有五条龙组成的印纽，玉玺的一只角有残缺，用黄金镶补上了，印面上刻有"受命于天，既寿永昌"八个篆字。孙坚的部将程普说，这就是传国玉玺，是春秋时的卞和在荆山下所得。卞和见到有只凤凰栖居在石上，认为必是有美玉藏在此石中，于是取来献给楚文王。楚王令工匠琢开石，果然是一块难得的好玉。此玉后来被秦始皇得到，在始皇二十六年时，令良匠琢成玉玺，由丞相李斯篆刻了这八个字为印文，作为皇帝的传国玉玺，世代相传。二十八年时，始皇巡行到洞庭湖，湖上风浪大作，龙舟将倾覆，秦始皇命人将此玉

"孙坚获玺"　宴春酒楼　康志峰制作

玺投入湖中以做厌压，风浪顿止。到了三十六年时，始皇巡行
到华阴，有人持一枚玉玺拦住御驾进献，把玉玺交给侍从要求
还给皇上，说完就不见了。从此这枚玉玺失而复得，重归于秦。
后来，秦灭亡，秦始皇的孙子子婴投降，把这枚传国玉玺奉献
给汉高祖，它又归于汉。王莽篡汉时，派王寻和苏献来向皇太
后索要玉玺，太后发怒，把玉玺扔到地上，崩掉一角，后用黄
金镶补上。东汉时，光武帝在宜阳得到这块传国玉玺。后十常
侍作乱，劫夺少帝逃出洛阳，待等回宫时，发觉已经丢失了此宝，
不知所终。

程普说："今天无意在井中得到，真是主公您的洪福啊！
您必有登上九五之尊的福分。"孙坚听了此话大喜，但怕事情
泄露，告诉左右的将士严格保密。

岂知孙坚手下的一名军士，把孙坚获玉玺的事密告了袁绍。
袁绍叫来孙坚，要他交出玉玺。孙坚坚决不承认有此事，于是
率兵南回。袁绍写了一封信给刘表，让他在半路上拦截下孙坚。
孙坚与刘表大战，从此结下死仇。不久，孙坚跨江击刘表，被
黄祖射死，他的部下飘零四散，唯余下长子孙策依附于袁术。
袁术心胸狭窄，难以容人。孙策便想回到江东，收父亲当年的
旧部，重振旧业，但手中又无兵。于是他便以传国玉玺为抵押，
向袁术借兵。孙策从他处借得三千兵、五百匹马，重回江东，
威震东南，从此奠定了东吴政权数十年、八十一州的基础。袁
术本来心存篡逆，得了玉玺后，便做起皇帝梦来，他竟然在寿
春称帝，后被曹操剿灭，那枚玉玺便又复归汉室。

《三国演义》中所说的传国玉玺只是一枚，但根据中国古代定下的礼制，皇帝用的玉玺却还应该有六枚，分别为"皇帝之玺""皇帝行玺""皇帝信玺""天子之玺""天子行玺""天子信玺"，加上这枚"传国玉玺"，皇帝所用之玺应有七枚。后东吴的末帝孙皓在投降西晋时，所交出的也只有六枚玉玺。因为当年孙权是自己称帝的，只能仿造六枚玉玺，而那枚传国玉玺则一直留在汉室。

传国玉玺是玉做的，又是方形的，与它所相应的食材也很多。我选择了红烧肉这种大家都喜欢的食品来做传国玉玺。

红烧肉是中国人最喜爱，也最普及的大众食品。毛泽东就喜欢吃红烧肉，说吃红烧肉可补脑。但最使红烧肉出名的，是著名的大文豪苏东坡。他对做红烧肉很有研究，即使被流放到穷乡僻壤，也要想方设法把当地价贱的猪肉烧得可口入味，红烧肉也因此公而获得了一个"东坡肉"的美名。把一道菜与一位文化名人联系起来，这在历史上是少有的。苏东坡对做红烧肉有一套总结。他说："净洗铛，少着水，柴头罨烟焰不起。待它自熟莫催它，火候足时它自美。黄州好猪肉，价贱如泥土。贵者不肯吃，贫者不解煮，早晨起来打两碗，饱得自家君莫管。"这算是道出了红烧肉之三昧。

最佳的红烧肉，讲究的是外形不倒，皮韧肉烂，颜色晶亮通红，咸中微甜，肥瘦兼有，吃在嘴里油汪汪的，肥嫩酥烂，却又不至于腻人。

红烧肉有多种烧法，有人先在锅里放油，油热后再放入冰糖，待等冰糖融化后，把洗净并切成方块的五花肉倒入，反复煸炒，让油和糖浆沾附在肉块上，形成金黄色，这叫"做色"，经过这样一道工序处理后的肉烧出来颜色发红，诱人食欲。有人则事先把肉在滚水中焯一下，去其肉沫和血水，再烧。也有人说不能这样处理，肉里的血和肉皮有鲜味，如果烫掉了，就会失掉鲜味。拿新鲜的肉来直接烧，用温度高达三四百度的油煸，也同样是去味。

把煸后的猪肉，放入整块的鲜生姜和大葱，倒入料酒，最好是绍兴黄酒或是丹阳黄酒，酒要多，一去其腥，二增香味；然后放入生抽，少放水；先急火后转文火，烧至肉皮用筷子能够戳得进，再转大火急烧几分钟，使汤汁黏稠，就可上桌了。红烧肉的用火最为关键，主要是大小火之间的转换，焖肉也是要紧的。最好是用农村里那种烧柴火的大灶，急火转文火，温度高，烧出来的肉外面硬，里面烂，咬在嘴里又黏糊又好吃。

无论是何种烧法，这道菜既然是模仿"传国玉玺"，就要把肥瘦相间的肉切得四四方方，最好是四寸见方，以与玉玺的尺寸相应。每块肉肉色半透明，类似玉，最好在肉皮上刻出"玺"字。因为这个玉玺是孙坚从井里得来的，所以最好放在一只圆形的盅里端上来，每人一盅一块肉。也可以把冬瓜掏空做成井状，"井栏"上刻出"甄官井"的字样，里面放七块肉，象征着天子的七玺，每块肉皮上刻一枚玺的印文。也可以在"井"中只放一块大的东坡肉，那就好刻字了，吃时把肉切开分给各人就行。如果一桌超过七人，不够一人一块，那就在六块当中放一块大的肉，切开分。总之，这道非常普通的菜只是在外形上应了"传国玉玺"的样貌就行，让每一个人吃了后都有满足感，产生自己有如做天子的感觉。

连 环 计

王司徒巧使连环计

连环计被认为是"三十六计"里的下策之计。它的意思是接二连三地施计策，一个套一个，使很多人都上当受骗。但一个人要是能施这样的计，当是他占主动，而且相当聪明，应列为上策了，为什么被列在下策里？我不解。

在《三国演义》中，这样的连环计不止施了一次，都不是在主人计穷时才想到的，而是主动出击时所施的。第一次是司徒王允施的。他见董卓暴虐，横行朝廷，多行不义，便施用连环计，选择美人貂蝉一女二嫁，挑得董卓和吕布父子不和，反目成仇，互相攻击。最后在王允的安排下，吕布杀了董卓。王允所施的这个连环计，可谓一箭双雕，同时把董卓和吕布作为实施的对象，实际上也用了美人计，是双计并用。

书中的第二次，则是庞统施的。赤壁大战前，孙刘联盟，诸葛亮来东吴助战出谋，他与周瑜定下了用火攻的方法来破曹兵，并用草船借箭的方法搞到了十多万支箭。周瑜也施出了苦肉计，假意打黄盖，让黄盖投书曹营，说愿为内应，到时前来投降。周瑜还让鲁肃问计于江南名士庞统。庞统向鲁肃献计说："欲破曹兵，须用火攻，但大江面上，一船着火，余船四散，除非用'连环计'，教他钉作一处，然后功可成也。"鲁肃把庞统的想法告诉周瑜，周瑜也觉得问题严重，必须想法让曹操中计。正在想如何派庞统去曹营献计之时蒋干来了，周瑜就借机让蒋干把庞统带到江北去见曹操。

　　由于庞统是江南名士，号凤雏先生，曹操也素闻他大名，见他来投奔自己，很是高兴，亲自带他去检阅自己的军容，向他炫耀雄厚的兵力，又设宴来款待他。席间，曹操向庞统谈及水军中多是北方兵，因不习惯战船的颠簸，全生呕吐之症，问他有何办法。庞统趁机向曹操献上连环计，说："大江之中，潮生潮落，风浪不息；北兵不惯乘舟，受此颠簸，便生疾病。

"连环计"　　毕士荣江鲜馆　于洋制作

若以大船小船各皆配搭，或三十为一排，或五十为一排，首尾用铁环连锁，上铺阔板，休言人可渡，马亦可走矣，乘此而行，任他风浪潮水上下，复何惧哉。"曹操听了大喜，传令下去，吩咐立即连夜打造连环大钉，锁住战船。诸军闻之，俱各喜悦。庞统的这一番计策，为日后东吴军队的火烧赤壁奠定了决定性的基础。难怪身在曹营心在汉的徐庶见到庞统后说："你献的真是毒计啊，这下曹兵一被烧，逃都没处逃了！"

"三国菜"中"连环计"一菜的设计，着眼点在"连环"上。菜式中可做成连环的食材很多，如大肠圈、鱿鱼圈、大肠包小肠、海肠等等，甚至瓜果切成的圈，都可以形成连环。

首先可以用焦炸大肠圈来做。焦炸大肠圈是山东的名菜，是取猪的大肠。一般认为猪大肠有异味，若是洗涤不净成菜会遭人厌恶。但大肠在经过泡、洗、施粉、加味、加调料和炸焦等工序后，肯定没有异味了。把焦炸后的大肠横着切成圈，要保持圈的圆整。然后把这些圈子一环套一环地连在一起，形成一条锁链，横在盘子里，可以有三五条。在盘子的另一头摆放上三条用瓜果雕刻成的小船，里面放蘸圈环的卤汁，这就是一盘"连环计"菜了。卤汁可以做成酱味、蒜蓉和茄汁等三种口味；吃时取圈环来蘸这三种卤汁，别有一番风味。

如果有人不吃猪大肠，或者嫌它的档次不够，可以改用鱿鱼。选大条的鱿鱼，去其触手，只留上部的头，把里面掏尽洗净，只留一空壳。横着切成一个个的圆圈。经施面油炸后，摆成一个个的连环圈，横在盘子里。鱿鱼属海鲜，卤汁船就要另选食材了。可选淡菜壳或长形的蛏子壳来做船，里面或是放刚才说的那三味的卤汁，或是放其他海鲜蘸料，以配食鱿鱼圈。为了好看，可以把番茄横着切成片，里面掏空，形成圆圈。摆盘时一排鱿鱼圈后接摆一排番茄圈，咖啡色的连环与红色的连环相映，非常好看。还可以加上黄瓜切成的圈，更加艳丽。

这道菜的着眼点只是连环，也即是成排的圈，重要的是形，它的趣味点就在"连环"上，如果加上色则更好。当然，作为一道菜来说，口味也是非常重要的。

割发代首

　　建安三年，曹操率领大军，前往宛城去征张绣。这时正是夏四月，田野里麦子熟了，百姓正要收割，但见有大兵过境，恐怕被惊扰，便逃避在外，不敢来割麦。曹操见到，生怕惊动百姓，便让人贴出官家告示，遍告村中父老以及各级的官吏："我是奉天子的明诏，前来出兵讨逆的，是为民除害。现在正当麦熟之时，我是不得已而起兵，现传令于大小将校，凡过麦田，但有践踏者，一概斩首。本丞相军法甚严，希望你们不要有所惊疑。"百姓得知后，无不欢喜拥护，都在路边望尘而远拜。官兵们在经过麦田时，都是下马以手扶麦而行，无人敢践踏麦子。

　　曹操正乘马在军中行，路过一片麦田时，忽然田中惊飞出一只斑鸠来，从马头前掠过，马受惊窜入麦田中乱跑，踏坏了一大片麦子。曹操勒缰不及，当即下马，喊来行军主簿，让他根据法律来议定自己的罪过。主簿说："丞相岂可议罪？"曹操说："法律是我自己制定的，我自犯了，当然要定罪，否则如何服众？"说着，就拔出自己的佩剑来要自刎。众人急忙上前拦住。谋士郭嘉说："古时《春秋》上说，法不加于尊者。丞相你负有统领大军的重责，岂可自刎呢？"曹操听后，想了好久，于是说："既然《春秋》上有这句话，我就依古人之法，不死了吧！"他取出佩剑，割下自己的头发，扔在地下说："我姑且割发以代首吧。"曹操让人拿着他割下的头发传示三军，说："丞相不小心踏了麦田，本当斩首号令的，今割发以代替，希望大家警示，勿践麦田！"三军将士听此，无不悚然。

曹操这段"割发代首"的故事要做成菜，最关键的字眼是"发"。人的头发是一根根的、细细的。细而密的食材很多，我选的是干丝。

所谓干丝，就是豆腐干切成的丝。南方人把豆腐干简称为

"割发代首"　听鹂山庄　钱丰制作

"干子"，因此豆腐干切成丝后就简称为"干丝"。

干丝是淮扬名菜重要食材之一，淮安、镇江一带也做干丝，但我以为，扬州做出的干丝口味最好。扬州干丝的做法有大煮干丝和凉拌干丝两种，热冷两吃。大煮干丝是用鸡汁或高汤来白煮，里面放入虾仁、笋片、蘑菇丝和香菜，有的还放上蟹黄，让诸种鲜味浸入干丝，堆得尖尖的，放在一只青花高足盘中，虾仁和蟹黄顶在上面，点缀着绿菜叶，颜色清纯，口味清淡，犹如一幅水墨画般养眼。凉拌干丝的做法则要简单得多，它是用酱油来拌干丝的，上面只放小虾米和姜丝，清爽可口。

现在干丝都被当成菜肴，但在相当长的一段时间里，干丝不是菜，是茶点。也就是说，是在人们喝茶时佐食的，和镇江肴肉一样，是在每天早上喝茶吃包子时闲搭着吃的。明清时扬州、镇江一带贸易发达，客商云集，有在早上到茶馆里喝茶吃点心的习惯，即所谓"吃早茶"。名为"吃早茶"，实际上是吃点心，而且是吃多种点心，这一习俗和广州差不多。扬州有"早上皮包水，晚上水包皮"的说法，就是说早上喝早茶，是用肚皮来包着茶水，下午到澡堂里去洗澡，那是水包皮。在吃点心之前，要上肴肉和干丝，这是其他地方没有的风俗。因为干丝不咸，清淡爽口，可以白口吃，并不影响人们的食欲。干丝无论大煮还是凉拌，都需要把豆腐干切成细丝的刀上功夫。

淮扬一带所卖的豆腐干，讲究用优质精选的黄豆来磨，做出的豆腐干有一股特殊的豆香味。豆腐要用农家的老盐卤来点才香，其他的点卤都不香。苏南、苏中一带有多地以做豆腐而出名，人们互相馈赠礼品，有以豆腐和百叶相送的。苏南生产的豆腐干，是用模子压出的，每个豆腐干上面都有凸起的图案或文字，如同米糕一般精致。

扬州用来切干丝的豆腐干，叫白干。不仅因为色白，而且因其无味，以区别于有色且咸的茶干、臭干等。这种豆腐干色白，紧密，有韧性，切出的丝不断，能吸收汤汁的鲜味，有一股清香，其他地方的豆腐干都比不上它。白干有大小两种，大的约有十二公分见方，小的有六公分见方，厚度在两公分之内。就是这么一块方寸之干，要用快刀把它切成密密的细丝，不是一般的厨师可以对付的。当地讲究的说法是一块白干能被片成十一到十二层，就算是好本事了。把整块白干对半切，取半块长方形的用刀——横着切叫片，竖着叫切。刀要极快，心要极静，手要极稳，切时还要把刀在水里不时沾一下，就不粘刀。横着拿刀，从右往左，不好使劲，全靠的悬腕功夫，还要左手压在白干面上，一不留神就会片破白干的面，竖切时就会形成断丝。功夫好的厨师有的能片出二十多层来，白干的面还不破。把片好的白干叠齐，然后就竖着切丝，看似不经意间的盲切，然而一刀一刀极有章法，看着只是右手持刀在切，实则刀是在顶着左手在进，左手退一丝，右手的刀就进一丝，完全是一种"庖丁解牛"式的艺术，已达到炉火纯青的地步。有人问厨师，为什么我会切到手指头，而你不会？他会反问你："你的手指不会退？进一刀就退一刀，又不是用左手指在顶着刀，手指头弯在后头，是用第一关节在顶刀，刀刃只要不提得超过关节的高度，怎么会切到手指头？"这样的功夫已达到"禅"的地步了。

　　干丝切出后，还要放在开水里烫，反复地烫，多烫几遍才能把白干里的杂味去掉，只留下豆子的清香，干丝也就熟了。烫整块的白干是没用的，只有切成丝之后，那开水的热气才能透进干丝里面去，去掉杂味。这时，把这千丝万缕放在一只盘中，用手抓成堆，如小山状。然后把生抽、麻油、小虾米、味精、少许白糖一起调好，上桌后淋在干丝上，再在顶上放切得细细的生姜丝，几根香菜，这就是凉拌干丝。大煮干丝还要靠汤来调味，与之相比，凉拌干丝更加纯净清爽，一点荤腥都不沾，真正的原汁原味。

杨修是曹操帐下的行军主簿，他是一位有名的文士，是个极度聪明的人，但也是个不谙世事、不会处事的人。在主上面前，他不会掩盖自己的聪明，反而要处处显示自己的聪明，甚至显得比主上还聪明。《三国演义》里说他"为人恃才放旷，数犯曹操之忌"。聪明过度了，就让善于猜疑的曹操忌恨，犯了人主之忌，也给自己带来了灾难。

一次，曹操造花园，前去视察，看完后不加评价，只是在园门上书一个"活"字而去。别人不解其意，杨修说："'门'内加一'活'字，是'阔'字，丞相是嫌门阔了。"于是工匠赶紧改门。曹操再去视察时，发现门已改窄，很是高兴，问是谁猜出了他的意思，左右答是杨修。曹操嘴上虽然赞美，但心下不悦。

又一次，有人从塞北送来一盒酥，曹操在盒上写了"一合酥"三个字，放在自己的案头。杨修见了，取酥与众人分而食之。曹操回来见盒内已空空，问起此事，杨修回答说："明明丞相你在盒上写着'一人一口酥',我们不敢违你命,就一人一口分着吃了。"曹操写了一个错字,杨修就借此和他开了一个大大的玩笑,曹操心中更加不高兴。

曹操多疑,时刻怕人暗杀自己,于是吩咐左右说,我梦中会杀人,你们千万别在我睡着了的时候接近我的床,否则会被杀!一次,曹操睡在帐中,被子掉地上了,有一侍从上前帮他把被子盖上,曹操跳起来,提起剑来把他杀了,又睡。半天而起,佯装惊问:"是什么人杀了我的侍从?"左右说是丞相你在梦中杀的。曹操佯装痛哭,令人厚葬之。从此别人都以为曹操梦中会杀人,在他睡着了的时候都不敢接近,只有杨修知道是怎么回事。在那个侍从下葬时,他指着尸体说,都说丞相在梦中,

"斩杨修" 镇江旅游学校 孙箭制作

其实你才是在梦中啊！曹操听了，觉得自己的机关被他点破，开始厌恶杨修了。杨修与曹操的三子曹植关系密切，教他与曹操长子曹丕争夺继承权。曹操知道后，便疏曹植而亲曹丕，已有斩杨修之意。

曹操率兵攻汉中，遇到诸葛亮屯兵不出，派马超据守。相持日久，师老兵疲，攻而不能胜，想退兵，又怕人耻笑，心中犹豫不决。正在踌躇之间，遇有厨子来送鸡汤。曹操见汤中有一块鸡肋，心有所感，正在沉吟之间，夏侯惇进来问今晚的口令，曹操便随口说："鸡肋！鸡肋！"于是当晚营中皆以鸡肋为口令。杨修听了，便命随行的军士都打点行装，准备回程。有人告诉了夏侯惇，惇大惊，到杨修营中问为何。杨修说："我听了今夜的口令，便知丞相已有归意。鸡肋者，食之无肉，弃之有味也。今进退两难，在此无益，不如早归，来日必定班师回朝。"夏侯惇听了，夸杨修真是料事如神，也回营去整理行装。正巧曹操当夜心乱，睡不着，便手提钢斧出营，绕寨私行。见到夏侯惇营中的士兵都在纷纷打理行装，大惊，找来夏侯惇责问，夏侯惇以实情相告，曹操又招来杨修对质。曹操的心事被杨修说破，恼羞成怒，以"乱我军心"的罪名，把杨修推出去斩首了。当年杨修才三十四岁。

"斩杨修"这道菜就可以根据这个故事来设计。工序很简单，先要准备一碗鸡汤，里面放一块鸡肋；还要准备一只盒子，里面放一盒酥糖。这只盒子要用漆盒，因为三国时还没有使用瓷器，上层社会的用器以漆器为主。漆盒上要绘有东汉时的图案，上面写上"一合酥"三个隶字。《三国演义》中写着，酥是从塞北送来的，也就是日后有名的"塞上酥"。但时过千年，此酥今日已经不产了，何况塞上之酥，不是用牛脂就是用羊油做的，与现在的饮食习惯不符了，可以取著名的高邮董糖，或是其他地方的麻酥糖代替即可。只要有酥，是什么酥并不重要，但要请大家用自己的勺子从盒中取酥食之，一人只许一口，然后就着鸡肋汤喝下。

这道菜品的是趣味，突显的是三国特有的历史文化。

许褚裸衣斗马超

　　熟读《三国演义》的人都知道，马超是西凉军的一员猛将，所谓的"前吕布，后马超"，与战无不胜的温侯齐名。尽管他在《三国演义》里的戏份不多，知名度比不上赵云，出场既晚也短，但他的每一次出场都是威风凛凛，出尽风头。马超有羌汉的血统，民间传说他是"整骨排牙"，人称"锦马超"，简直是一尊战神。

　　马超早期因所属阵营不同，没有赶上官渡之战、赤壁大战那样的重要战役，更没有如赵子龙那样单骑救主的功绩，也没有如张翼德那样在长坂坡桥上挡敌百万的威名。他投奔刘备的时间较晚，还没有立多少功就去世了，但毕竟位于蜀国的"五虎上将"之列，与战功卓著的关羽、张飞、赵云、黄忠平起平坐了。他的戏份虽少，但不多的几次出场却都是有声有色、叱咤风云的。最显赫的是在渭桥六战中，他一连战败了曹军中于禁、张郃、曹洪三员猛将，阵斩李通，直杀得曹操割须弃袍，狼狈而逃。从此曹操闻西凉兵而胆寒心惊，连诸葛亮也知道："曹操一生所虑者，西凉兵也！"

纵观马超一生辉煌的战史，最令人津津乐道的是曾先后与许褚和张飞作战过。马超听说曹营中有员骁将——许褚，是曹操虎卫军的头目，曹操的贴身保镖，勇力过人，人皆称为"虎痴"，若遇之，不可轻敌。他便领军至曹营，单挑虎侯许褚。马超执枪，许褚舞刀，两人恶战了一百余回合，不分胜负，马匹乏了，两人回营换马再战，又斗了一百余回合，还无法分出胜负。许褚杀得兴起，索性卸了盔甲，赤膊提刀，骑马上阵，与马超相斗。最后两下收兵时，许褚身上中了两箭，曹兵折伤过半。

　　"许褚裸衣斗马超"这道菜，就取材于此故事，着手于相战的两员猛将的体形特征而加以拓展。许褚皮肤粗黑，马超面如敷粉，一黑一白，正好形成了强烈的反差。我据此取一段梅花参来代表许褚，海参色黑，上面还有许多棘刺，正像许褚的粗黑糙粝的裸体。用一段鱿鱼卷来代表马超，取其粉白色的外皮，鱿鱼

"许褚裸衣斗马超"　　镇江大酒店　　贾艺强制作

卷上切出横竖的斜方格纹，象征着马超身上银甲上的甲片图案。把黑色的梅花参和白色的鱿鱼卷并放在一只大盘内，黑白相对，犹如两人对战。海参和鱿鱼预先做熟，上面浇上番茄汁，意味着已杀得鲜血淋漓。最重要的是：要在黑色的梅花参上插上两根牙签——这是射中许褚的两支箭！这样才更有趣味。金圣叹在看到许褚中箭的这一段时，批注道：

许褚裸衣斗马超

"谁让你赤膊！"因此，大家若知此典故，看到此菜时，自然心领神会了。

这一盘菜，也可以移用于"葭萌关"一菜式中。

马超也曾与张飞在川北的葭萌关恶战过，而且是举着火把夜战。这一场面与马超斗许褚的场面相似。张飞和许褚一样，都是黑皮肤的猛将，因此，食材上也可以用海参来做。但马张之战是在夜间，有火把。可以选用二十粒酒心巧克力，对半切开，取半只空壳，倒入白酒，用火点燃，即为"火把"。将"火把"摆放在盘子的四周，以突出"夜战"的特殊气氛。此道菜中，拿掉插在海参上的那两根牙签，因为张飞并未中箭，但可以在海参上横摆一头小小的带茎大蒜头，象征铜锤；在鱿鱼上横摆一根牙签，象征箭。因为在恶战过程中，马超曾经想用铜锤击张飞，但未击中；张飞也曾射马超一箭，却被马超闪过而未中。加上这两个细节，再配以讲解，就更加有趣了。

煮酒论英雄

《三国演义》里至少有两处提到青梅，一处是"煮酒论英雄"，另一处是"望梅止渴"。这是两个故事，都集中在一起被提及。

曹操在铲除了董卓及其余党之后，在朝廷取得了决定性的发言权，代替了董卓成为挟天子以令诸侯的权臣。汉献帝成为傀儡皇帝后，整天担心被曹操废位；于是他刺破手指，用血写成一封讨伐国贼曹操的诏书，让伏皇后缝在一条玉带里，交国舅董承带出宫，于四方寻找能够援助他的诸侯。董承找到皇叔刘备，刘备也深受曹操威胁，久欲除之，便在联名讨伐曹操的文书上签了名。

当时刘备在许都居住，签了衣带诏之后，怕曹操害他，便一心行韬晦之计，每日下朝后就在住所的后园中种菜，侍弄菜园，让人觉得他是个胸无大志的人。

一天，关羽和张飞都出去射箭了，刘备正在后园种菜，曹操的部将许褚、张辽突然来请他到相府议事。刘备心中忐忑，不知何事。一见面，曹操就说："你在家做的好事！"刘备吓得面如土色，以为是衣带诏的事发作了。曹操下座来执着刘备的手说："听说你种菜？真不容易啊！"刘备这才放心，说："没有事消遣消遣啊！"曹操大笑，说："刚才看到我园子里的梅子青青，忽然想到去年我征张绣时，天气太热，路上无水，将士们都渴得要死。我心生一计，用鞭子遥指着远处说：'你们看，前面有梅林。'将士们听了，一个个都口内生津，不觉得渴了。今天见到此梅，不可不赏。正好厨子煮酒正熟，因此才请你来小饮一番啊！"至此，刘备的心神方定。曹操拉着刘备来到园中的小亭子里，二人对坐，开怀畅饮。

两人正在对饮，突然天空乌云密布，有一股龙卷风从云层上直垂下来，就如一条龙。两人凭栏看了，曹操问刘备："天上的龙就像是英雄，你久历四方，必定知道当世的英雄，你认

"煮酒论英雄"　　高邮人家大酒店　　居广明制作

曹操煮酒论英雄

为当今之世，谁能够称得上是英雄？请给我说说。"刘备先后说了袁绍、袁术、孙策、刘璋、刘表、张绣、张鲁和韩遂等。曹操哈哈大笑，说他们都是些碌碌小人，何足挂齿！要论英雄，必须胸怀大志，腹有良谋，有包藏宇宙之机，吞吐天地之志者也！刘备说："依这条件，那谁能当之？"曹操说："当今天下的英雄，就只有你和我啊！"刘备听了这话，大惊，手中的筷子都不觉落在地上了。正好这时雷声大作，他从容地低头拾起筷子，说："这雷声真大啊，连筷子都被震掉了。"曹操大笑道："大丈夫还怕雷吗？"刘备说："连圣人孔子听到雷声还要敛容敬畏，我怎能不怕呢？"这就巧妙地把落箸之事掩盖过去了。曹操看他这般模样，认为他胆小，不足以谋大事，便不再怀疑他有异心了。这就是"煮酒论英雄"的故事来源。曹操与刘备的这一番对饮，其实是两位政治家之间的心理较量。双方暗藏机锋，互相试探，乌云、雷声、龙卷风以及青梅和酒，都不过是他们的道具而已，喝什么或不喝什么都并不重要了，关键在于他们之间的谈话，以及对天下人物的臧否和评论。

有人认为故事中既然提及青梅，席上既有青梅又有酒，那曹刘二人饮的必定是用青梅来煮的酒了，所以后人多说是青梅煮酒。其实不对，青梅固然可以用来泡酒，但书中所写，当时的青梅还挂在树上未摘下，而酒已煮好。要是现摘青梅来煮酒款待刘备，肯定来不及。《三国演义》中写的是"盘置青梅，一樽煮酒"，也就是说，酒和青梅是分开放的，梅在盘中，而酒在樽中，他们是饮酒食梅，以梅就酒而已。

　　梅子生长在气候温暖的江南地区，果实呈青色，称青梅。青梅成熟后其味极酸，若是生吃常人难以忍受，古人多用青梅来做酸味的调料，用来代替醋。梅子也可以用蜂蜜和糖来腌渍，做成蜜饯，其味甜中有酸，可口助消化，也是佐茶的休闲食品。梅子发酵后，颜色发黑，榨成汁之后便是乌梅汁，加入糖蜜，是夏季最爽口的解暑饮料。梅子还可以做成酸梅汤，是从古至今的夏季良饮。

　　因为青梅里富含果酸，南方人多用来做酒。这种酒也分两种，一是泡酒，一是酿酒。泡酒的原料还是以米酒或粮食做的蒸馏酒为主，放入坛内，再加入晾干后的青梅、蜂蜜和冰糖，以及麦芽粉，封口后，四五个月就可开坛了。由于坛内留有青梅的渣子，所以要另备一只坛子，在坛口上包一层棉布，慢慢把原坛中的酒倒入，使酒中的梅渣滤去，再把坛口密封，过一阵子就可吃了。这种酒混合了米酒和水果的滋味，既醇又香，还带有果味，味道酸中带甜，非常可口，但它并不是单纯的果酒，而是掺加了米酒的果酒，所以酒精度数还是很高的。我见过有人在喝这种青梅酒时觉得味道甜，口味好，便以为不醉人，开怀畅饮，结果酩酊大醉。

另一种方法就是用青梅来直接酿酒，这是制造果酒的方法。它的方法看似容易，但操作起来甚难，一不小心就会失手。它的原料除了青梅、蜂蜜、白糖外，还需要一种特殊的煅牡蛎来做介质，其实就是碱性的石灰，用它使青梅发酵，分两次加入白糖，酿好后也要滤去梅渣。它的制作方法如同南方的许多制作方法一样，讲求细致周到，酿出来的酒香醇而甜酸。

一桌"三国宴"中是需要酒的，最适合的酒显然就是"煮酒论英雄"中所饮的酒。这种酒必须配有青梅，不过究竟是上青梅酿的酒，还是上泡了青梅的白酒，或者就只是在白酒旁边摆上一盘青梅，由饮者自己做决定。

当然，装酒的容器要有讲究。三国时的酒器是壶或樽，饮酒用的是耳杯或爵，都是漆器，但现在都不用漆器了，因为漆器贵重，又有漆味。因此，可以用紫砂陶做成的壶、樽、耳杯和爵。因为青梅在泡入酒之后，它表面的青颜色就没有了，时间一长，就变成了一种淡赭色，并不好看；这种情况下，可另放一个盛有青梅的盘子，才应小说中所写。没有新鲜的青梅可用时，可以用蜜饯的青口梅来代替，它的颜色碧绿，口味更佳。现在南方人在喝黄酒时，都喜欢在酒中加入几枚话梅，图的是酒中有一股浓郁的酸甜味，这可能也是当年曹操和刘备在酒旁置青梅的原因，把青梅放入酒中，可以调味。只是不知这种酒北方人是否喝得习惯，因为它的口味偏甜。

在喝酒的时候，也可以把那些青梅装在一只漂亮的漆盘里，摆在旁边，用黑红相间的颜色来衬托青梅，非常入眼。最好用一只深的广口玻璃瓶来装青梅，放在桌子中间，颜色和形状都十分好看，能够刺激食欲。但只准看而不准吃，就叫作"望梅止渴"吧！姑且一乐！

煮酒论英雄

割须弃袍

曹阿瞒割须弃袍

　　曹操一生最惧怕的，就是西凉兵。西凉兵是由西北的少数民族羌人所组成的，身体强壮，勇猛凶悍。他们全是骑兵，呼啸而来，立地砍杀，作战如同风卷残云，无往而不胜。这一拨兵马原先由马腾和韩遂带领，在讨董卓的战斗中立有战功。后来马腾被曹操设计杀害，长子马超接任其位。马超为报杀父之仇，点手下八部军马，起二十万大军，攻下长安，兵逼潼关。曹操大惊，命曹仁、曹洪和徐晃率兵先行，自己亲率大军迎敌。

　　曹操在潼关与马超列阵对垒，刚一交手，就被马超连败几员大将，阵斩一将。马超趁势指挥西凉兵一齐冲杀过来，曹兵抵挡不住，大败而逃。马超领着马岱和庞德，率着百余骑，直入军中来捉曹操。曹操混在乱军之中，只听得后面的西凉兵大叫："穿红袍的是曹操！"曹操急忙在马上脱下红袍。又听得大叫："那个长胡子的是曹操！"曹操大惊，拿出身边的佩刀把自己的胡须割断。西凉军中有人看到曹操在割须，立刻告诉马超。马超又让人叫喊："那个短胡子的是曹操！"曹操听到后，仓皇之间，拉过一面旗帜的一角来包住下巴，生怕被后面的西凉兵发现。

曹操正在狼狈之时，忽然听到后面有一骑赶来，回头一看，竟然正是仇人马超，不免大惊失色。这时，曹操的左右将校都惧怕马超的勇猛，只顾各自逃命，剩他孤身一人。马超厉声大叫："曹操休走！"曹操惊得连马鞭子都掉在地上了。眼看着马超来到曹操身后，狠命一枪刺来，曹操只得绕树而逃，马超竟然一枪戳在了树上。急切间拔下时，曹操已经趁机逃远了。此时，曹洪赶到，抢刀纵马，拦住去路，但也力不能敌。夏侯渊又率兵赶来助战，马超孤身一人，生怕中招，遂拨马而回。曹操惊魂方定，侥幸捡回了一条性命。

潼关一战，虽然最终曹操胜了，但马超杀得曹操狼狈不堪，

"割须弃袍"　避风塘大酒店　鲁庆制作

留下了"割须弃袍"的丑闻。

要想把"割须弃袍"这个故事做成菜,是要动动脑筋、颇费思量的,因为乍看来故事里面缺少菜的元素。这个战例似乎与菜肴靠不上边。

羊肉是世界上最为普及的食物之一,也是最为鲜美的食物之一。早在三千年前,中国人就把羊和牛、猪一起列入了牺牲之列,被称为是"三牲"。对于一个民族来说,祭祀和战争是头等重要的事,"国之大事,在祀与戎"。祭祀祖宗,不可怠慢,必须要奉上最珍贵、最鲜美的食物,恭恭敬敬地行礼如仪之后,让祖宗先享用,再由族长分割,诸人分而享之,即所谓"分享"。中国人一向对羊有着一种最好的感情,有很多美好的字都由羊而生:"美",就是"羊大为美";"祥",就是以羊来祭祀。古时的"羊""祥"二字通假,"大吉羊"就是"大吉祥";"羌",就是以羊为崇拜图腾的民族;"鲜",就是鱼和羊之味。甚至铸造在青铜器上的图案饕餮,也是根据羊的形象创造出来的,象征着无上的王权。

与其他的肉食相比,羊肉的口感要比牛肉细腻,也没有猪肉油腻,纤维不长,久煮不柴,味道鲜美。中国古人常将羊羹和羊糕作为最上品的佳肴。虽然中国并不是一个以畜牧为主的国家,但喜食羊肉的习俗也从北到南,到处都有。一般人印象中,好像羊肉只有在北方或者牧区才能吃到。其实不然,中国很多南方地区都喜食羊肉。云南的彝族和白族是氐羌人的后代,他们民族的图腾就是羊,彝族是黑羊,白族是白羊。他们的食谱中都有羊肉，烤的烧的都有。中国南北方以羊肉为食材的菜品种不少，内蒙古的烤全羊，新疆的手抓羊肉、烤羊肉串、羊肉汤等。至于北京的涮羊肉，虽然不是北京人的发明，但已经是誉满天下的美食了。

有人觉得地处江南的苏州和湖州是中国士大夫文化最为发达的地区，似乎应与这些腥膻之物无缘了。但这个地区恰恰也有吃羊肉的习俗，不仅太湖地区以湖羊而出名，苏州东郊的藏书乡也以羊肉而出名。

在镇江，有一道非常特殊的羊肉菜，叫东乡羊肉。东乡，就是指镇江城东的姚桥、大路、儒里这几个乡镇，该地做出的羊肉菜品种多，味道别具一格，我在国内其他地方还没有吃到过。这个地方是浅山丘陵地区，山体上有较丰富的植物，居民也多有养羊的习俗。也许这个习俗是从北方带来的，因为镇江虽然地处江南，但靠近长江，自东晋以来，就不断有北方人民迁居此地。传说，东乡大港一带是北宋的赵氏皇室南渡后定居的地方，可能是这些南迁的人民带来了养羊、吃羊肉的习俗。

东乡所养的，并非是北方普遍可见的绵羊，而是山羊。这些山羊是被阉过的，养到一至两年才能吃。平时，除了散放在山野间吃草之外，主人还会喂各种精饲料，甚至给它们吃稻谷。因此这里的羊肉特别鲜美，不同于太湖地区的湖羊。

东乡羊肉的菜式非常丰富，著名的"全羊席"上就有二十多道菜。厨师宰了羊之后，取出内脏另用；把肉切成大块，连皮放入巨锅中煮，煮得烂熟之后，把肉取出，汤另用。肉略经压缩，再干冻，形成整块的肉板。这是做羊肉宴的原料，俗称"白板"。这种白板既可熬汤，也可做红烧羊肉，还可以直接切成片，蘸着辣椒酱吃。一条街上，只要有一家店煮羊肉汤，立即香气外溢，满街喷香，让人垂涎欲滴。

东乡的羊汤和西北地区差不多，以羊杂为主，羊肉为辅。因为一只羊出肉不多，要留着做主菜用。在寒冷的冬天，坐在小店里，要上一碗滚烫的羊肉汤，撒一把青蒜花，多撒点胡椒粉，再舀一大勺辣椒酱，热热地捧在手中，喝上两口，立刻就会脑门上冒汗。可是，东乡人还要在汤里泡上一种面点，当地人叫作京江脐子。这是镇江特有的面点，有六个角，就像一只老虎的脚爪，有甜有咸，底部放在炉内烤得焦黄绷脆，俗称老虎脚爪。把咸京江脐子掰成几瓣，泡在汤里，让它吸足了鲜美的羊汤；然后食客就着羊杂，耸首缩颈，捧碗嘬而吸之。美妙之极！

东乡的红烧羊肉与其他地方的做法大为不同。不是取新鲜的羊肉，而是取预先煮熟的白板肉，切成拳头般的大块，放入锅里，投入姜、葱、香料、酒等去腥，再倒进羊汤用大火烹煮。在煮的过程中，要分三次放入猪油、精盐和白糖，当然也要加适量的酱油，讲究的还要加入事先熬好的鲫鱼汤。等肉汁红烧至黏稠状，就停火起锅，在装盘前投入切成一寸长的青蒜叶子，以增加香味和色彩。这种红烧羊肉与其他地方的羊肉相比，油腻红亮，富有弹性和韧性，肉质肥嫩酥烂，鲜香味浓，口味偏甜，无论是视觉还是味觉都很好。东乡羊肉是带羊皮一起烧的，羊皮内有胶质，可以增加肉汁的黏稠度，煮熟后的羊皮透明，咬着又筋道又可口，还易消化。

除了主菜红烧羊肉之外，东乡还有一些特殊的羊肉菜，如把羊肉与河蚌一起烧，叫"仙家掉眉毛"；把羊肉与黄鳝一起烧，叫"和气生财"；把百叶和羊耳朵一起烧，叫"百里顺风"；把羊口腔内上下腭的皮一起烧的，叫"洞天福地"；炒羊心叫"七窍玲珑"；羊蹄拐煨汤叫"四蹄奋进"。这些名称都是应的一个好口彩。除此之外，可口鲜嫩的还有炒羊肚、炒羊腰和羊脑烩豆腐等。还有把羊的下脚料和羊肉一起红烧，加食用明胶，冷了后形成冻状，在卤菜店里出售的，叫羊糕。但是，我个人认为，全羊席里最好的一道菜是"炒羊毛"。

羊毛竟然能入菜？听着好奇怪。其实，它的原料不是羊毛。所谓的"炒羊毛"，就是用羊汤来烩百叶丝。在江南，百叶就是极薄的豆腐皮，薄得如同铜版纸一般，大张大张地叠在一起，一张一张地卖。它比豆腐干还要紧，味道香，有的地方叫千张。百叶需要切得极细，切好的百叶密密地如同羊毛。用开水烫焯几次，把百叶里的豆腥味去掉；然后放入猪油烩，再加羊汤煮，出锅前勾一点芡，使其略带黏稠；盛入盘中，就像一堆羊毛堆在盘子里。如果挑剔一点来看，"炒羊毛"这三个字，一个也不对：它既不是羊毛，也不是炒的。但此菜吃在口中，鲜香嫩滑，别具一番风味。"炒羊毛"是全羊席上唯一的一道素菜，吃来清香爽口，所以极受欢迎。

"炒羊毛"的百叶丝根根极细，颜色雪白，杂乱地堆在碗里，外形就像是曹操自己割掉的那一把胡须——当时曹操年纪已经不小了，胡须应该是白色的了。因此，我突发奇想，就把这道菜命名为"割须弃袍"。马超是羌兵，多以羊肉为食，用羊汤来烩菜是合理的。

但是，会有人发问："说'炒羊毛'是曹操的胡须，勉强凑合，可是曹操的那件红袍呢？"

容我狡辩一下吧：曹操慌乱之中，先弃袍后割须。他的袍子是红色的，颜色鲜艳，容易被发现，早已被他丢掉了，所以叫"弃袍"。可书中只说"割须"，而未说是"弃须"啊！古时讲究"身体发肤，受之父母"而不敢丢弃，因此被留存下来了——这道菜本是戏说，那么认真干吗？就不必过于深究了吧！

左慈戏曹操

　　建安二十一年，天下初定，汉献帝封曹操为魏王，曹操在邺郡起造魏王宫，派人往天下各处收取奇花异草，以栽植于后苑。孙权欲讨好曹操，便在温州选取了极大极好的柑子四十余担，派人星夜送往邺郡。众挑夫行至半途，正在休息，遇到一位跛足独目的先生前来学雷锋做好事，帮每人都挑了五里路远。但等柑子送到魏王宫中，曹操亲自剥开，竟然只只都是空壳，里面并无果肉。曹操大惊，问众人。大家辩说，只要被那先生挑过的担子，以后就变轻了，不知何故。正在询问之时，左慈求见。曹操责问他用何妖术而取柑中之肉，左慈剥开柑子，却是全部有肉，而且只只皆佳。曹操不信，又自己取柑来剥，依然只只皆空。他大惊，认为遇到了异人，便以酒肉款待。左慈称自己学道三十年，得到天书，因此具有异术，劝曹操放弃王位，跟随他入山修道，当以天书相授。甚至劝曹操把相位让给刘备，如果不肯，他就会用飞剑来取曹操的头！曹操听了大怒，认为这是刘备派来的奸细，令左右拿下，投入狱中。左慈毫不慌张，即使被打，也是毫无痛楚之感。他在狱中被连拘七日，反而面皮转红。一天，曹操大宴群臣，左慈竟然足穿木履，不请自至。左慈当众在殿中墙上画龙，剖腹而取肝，在寒冬季节变牡丹花于前；又亲取钓竿，在鱼池中钓出数十尾肥大的鲈鱼来，皆是松江特产的四鳃鲈鱼；后又在曹操和众官面前施展百般技艺，不可捉摸，最终飘然不见。曹操受尽捉弄，自觉被羞辱了，急令人画影图形，张榜于国内各地缉拿。岂知三天之内捉到相同模样者竟有三四百人，曹操令皆斩之。众尸却合成一人，各从腔子之内冒出一股青气，升天后变成一个左慈，而所斩之尸又皆跳起来，各手提其头，奔上演武厅来打曹操，文武百官皆掩面惊倒，各不相顾，曹操也被惊倒在地，生了一场大病。

这是一个非常荒诞而灵异的故事。如果要将这个故事做成"三国宴"菜，故事中就含有多种食物元素，如龙肝、羊、鱼、酒等；不过

"左慈戏曹操"　　高邮人家大酒店　　居广明制作

我只取"柑子"和"鲈鱼"两种食物来做，而且可以做成两种菜式。

其一：取一条一斤左右的大鲈鱼，去鳞，剔出鱼肉，细细切成鱼丝，拌和蛋清、芡粉、料酒、精盐，大火炒成鱼丝。余下的鱼骨架要小心留着，保持完整，放在火上蒸熟，铺在盘子底上，然后把炒熟的鱼丝堆在鱼骨架上，覆盖住骨架，上部打一只新鲜的鸡蛋。再取四只柑子对半剖开，用汤匙细细挖出里面的果肉，将空壳摆放在盘子四周，舀出鱼丝，放入空柑壳中，再用勺把鸡蛋搅散，拌入鱼丝，颜色如同金玉相嵌，又果香鱼鲜，非常可口。还有另一种挖取果肉的方法，就是用榨汁器。有一种玻璃制的小型榨汁器，上半部是半圆形的，刻有棱槽，下部是承接果汁的杯子。把柑子剖成两半，覆在上半部的棱槽上，一转，果汁就会流到下部的杯子里，多转几下，将汁取尽，并留下半个完整的空壳。

其二：也是取一条大鲈鱼，剔出鱼肉。把鱼肉细细剁碎成末，加入鸡蛋，一起打成糯糊状，放入盐和鸡汤。把鱼骨架平铺在一只较深的大碗中，把鱼肉鸡蛋糊仔细倒入，淹没鱼骨架，只剩下鱼头和鱼尾翘出露在碗外。放入蒸笼中急火蒸成鱼蛋羹，浇上猪油后起锅。也是要在盘四周摆放上八个切成一半的柑子空壳，把鱼蛋羹舀在柑壳内食用，又嫩又鲜，还有果香。

以上这道菜是借用了旧时浙江农家"有头有尾"的菜式做法。菜做好后端上来，是一条整鱼，看上去有头有尾，都露在羹的上面，但舀掉鱼蛋羹后，却只剩下骨架，鱼的肉和鲜味都已溶入蛋羹中了。这道菜既有趣，口感又好，口彩又非常好听，是一道色、香、味、形俱全的佳馔；只是做功极烦，非有耐心者而不能为之。

孙权筑城

素冠悲眼号英雄 能使臣僚肯尽忠
二十四年兴大业 凭尽虎踞在江东
孙权像

据唐代的《元和郡县志》中载："后汉献帝建安十四年，孙权自吴理丹徒，号曰京城。"也就是说，从 209 年开始，孙权就以镇江为他的治所。这是东吴政权最早建的城，也是江南地区历史最早的一座古城，已经有一千八百多年的历史了，比南京的石头城年代还要古老。其形如瓮，坚固如铁，因而得名为铁瓮城。这座城的遗址至今还在镇江城东的鼓楼岗上，位于北固山的前峰，它控江面山，因岗为垒，缘江为境，可攻可守，是一处集政治和军事功能于一体的堡寨。与其他同时期修筑的城池不同的是，铁瓮城的内外都包贴有城砖，它们颜色如铁，坚硬牢固，到现在也未被风化。

镇江有一道非常特别的熟食，叫肴肉。肴肉是用腌制后的猪蹄肉做成的，因此也叫作肴蹄。在镇江民间一向有"肴肉不当菜"的说法。所谓"不当菜"，是说它不能作为正餐时的大菜来上，而只是佐茶的小吃或是餐前的冷荤凉菜。把冷荤当成喝茶时的佐食，与花生米、香干相同，这是很奇怪的。在镇江，肴的音读作"xiáo"，也是很奇怪的。

镇江是座傍江临水的城市，它虽然地处江南，但由于历史上多有北人南迁，所以其民风多近淮南、苏北等江北地区的民风民俗，方言也属淮北官话。这一带的很多风俗，与扬州、泰州和淮安等地相近，人们都喜欢早晨到茶馆里去喝早茶——这里叫"吃早茶"，如同广州的"饮茶"。名为吃茶，实际是去吃早点。茶倒并不要太好，一般的炒青就可以了，何况早点铺里根本没有好的茶叶，但配搭的食物小吃却是很多。一个人一早进入早点铺里去，会叫上一壶茶、一碗干丝、两块肴肉、一小笼汤包，再加上一碗面条——这么多东西，统叫作"一客"。就着茶，望着窗外的风景，在蒸汽氤氲、市声喧嚣的茶座间慢悠悠地一一吃完，再慢慢地踱回家。那两块肴肉与两片茶干和

"孙权筑城"　听鹂山庄　陈顺国制作

一碟花生米一样，就在闲谈中被吃下去。这一风俗令很多外地来的客人非常惊异："一清早的，怎么就敢白口吃冰冷油腻的猪肉啊，受得了吗？"

镇江人受得了。他们蘸着当地特产的香醋和姜丝，喝着酽茶，就足够消化下去了。何况肴肉并不油腻，也不咸，就是供人白口吃的。

肴肉又叫"水晶肴蹄"。所谓"水晶"，其实就是猪蹄中所含骨胶形成的结晶体，看上去光滑晶莹，颇似水晶。肴肉吃起来肥而不腻，瘦不嵌齿，入口有余香；之所以又香又不腻，是因为肉里放了硝来腌制的缘故。正是因为有了硝，肴肉也被叫作"硝肉"，故被讹读成"xiáo"音。放硝的目的既是为了让肉色发红、好看、有香味，也是为了防止肉变质腐烂。

肴肉是一种淡味的腌肉，也是一种半腌半干的肉制品，它的腌制过程很短，没有咸肉、火腿或香肠那样腌得久。制作肴肉的步骤据说有十四道之多。事先要选蹄，选猪的前蹄为上品，这样以瘦的腱子肉为主，没有肥肉脂肪。肉是整只蹄，不要切碎。在去毛剔骨之后，再用铁钎在肉上略戳几下，好让血水渗透出来，但不要戳破猪皮，以免破相。然后均匀地洒上淡硝水，再用粗盐揉搓，把肉摊平，一层层地叠放在缸中。腌了七天后，把肉取出，放在水里浸泡。过水多次，把血水和卤漂掉，也把涩味去掉，这时就可以烹煮了。在大锅里放满水，投入腌肉，加葱、姜、料酒和香料，根据肉的咸淡，还要再放适量的盐，用大火烹煮至烂熟，但肉形不能散。出锅，叠放在平底的盆内，把原汤上层的油卤倒掉，留下的清汤倒入盆内，上加重物压实，待冷却后就形成了冻蹄肴肉。

在吃食肴肉时，取不同的部位，横切成厚厚的片状，一般都呈长方形。整整齐齐地摆放在碟子里，殷红夹白色的肴肉上摆放着嫩黄色的姜丝，再蘸着镇江特产的香醋吃，其味无可比拟。

正是因为镇江的肴肉一般都被切成片状端上来，我就据此而设计出了"孙权筑城"这道菜。孙权筑城的砌块是砖头，被切成长方形的肴肉的形状也像是砖头，把肴肉按照砌墙的形式来摆放，上下错落地摆成一座城楼，就类似镇江的铁瓮城了，一座用肴肉堆成的铁瓮城。城楼上立几尊小面人，当作守兵。

镇江的铁瓮城已经有了一千八百多年的历史，而据记载，早在明末清初，镇江就有了"水晶煮蹄"这道菜了，它就是镇江肴肉的祖先，说明肴肉已经有三百多年的历史了。把这两者结合在一起，就是一道很有历史和文化特色的菜肴。

公瑾操琴

　　周瑜字公瑾，是个文武双全的少年英雄。他是安徽舒城人，和小霸王孙策是年轻时的密友。孙策与周瑜同年，只比周瑜大两个月，后来两人又同娶乔玄的女儿为妻，孙策娶大乔，周瑜娶小乔，二女皆国色天香。因此孙周两人又是姻亲连襟，关系非常密切，志向也相同。当孙策从袁术处以传国玉玺为抵押，借得三千兵马回江东重振父业时，周瑜首先带兵来响应。孙策对这位少年朋友非常信任，凡事都要与他商量，委以重任，周瑜才二十四岁时就当了中郎将。周瑜长得英俊漂亮，潇洒倜傥，少年得志，人称"周郎"。孙策去世后，孙权当政，对周瑜也是非常信任，言听计从，并授以大权。赤壁之战前，孙权升周瑜为大都督，统帅江东的全部兵马，当年他才三十四岁，就负起了指挥十几万大军以抗曹军的重责。吴国太说，她是把周瑜当成自己的儿子来看待的，让孙权以兄礼事之。

　　赤壁一战，周瑜果然不负孙权重望，与刘备联合，取得了大捷，基本奠定了三国鼎立的局势。周瑜既有智谋，也有才能，无论是在战前还是战后，无论是在与刘备，还是与曹操或曹仁的战斗中，都表现出过人的智谋。民间传说"诸葛亮是未卜先知，周瑜是一看便知，曹操是过后方知"，那是根据《三国演义》小说中的人物来形容的，把周瑜戏剧化了，也扁平化了。还说周瑜度量小，难以容得诸葛亮，最后竟被诸葛亮三气而死，在临死前还高叫着"既生瑜，何生亮"！周瑜被描绘成一个心胸狭窄、挤兑贤良的小人。但从实际上来看，一个人能够做到一看便知，就已经算是大智者了，并不容易。

但正史中的周瑜并不是这样的。《三国志》上说他"性度恢廓，大率为得人"，就是说他气度是宽大恢宏的，容得了人。他帐下有一员大将名叫程普，是跟随孙坚打江山多年的老将，见周瑜掌权，心中不服，曾经当着众人多次凌侮他，使他很难堪。

"公瑾操琴"　高邮人家大酒店　居广明制作

但周瑜并不与他较量，反而处处让着他。这使程普非常折服而敬重他，对人说："和公瑾这样的人相交，就好像是饮了上等的好酒一样，不知不觉就醉了。"

除了熟读兵书、善舞剑，周瑜还有一项专长，那就是精于音律，不仅自己很会弹琴，即使在听别人弹琴时，哪怕他已经三杯下肚，如果有某一处弹错了，也能听得出来，立刻会转过头来向弹琴的人做暗示。周瑜的这一专长，被民间称为"曲有误，周郎顾"。所以一般的乐手都非常怕周瑜来听琴，因为他太内行。

唐代诗人李端根据此事，写有："欲得周郎顾，时时误拂弦。"李端变弹琴为弹筝，并一改前意。意思是说，弹筝的那女子因为周郎是个美男子，英俊潇洒，对他产生了爱慕之情，想得到他的青睐，能够多多地看她，就故意地把曲子弹错了，以致周瑜一再地回过头来看她。这样，一个民间传说就具有了感情的色彩。

"公瑾操琴"就是根据这个传说来做出的一道"三国菜"。这道菜的要素是"瑜"和"琴"。古时的琴是用桐木做成，有七根琴弦，琴身长长的，像一条鱼，"鱼"和"瑜"为谐音。我就把它设计成鱼菜，上面放"琴弦"。

取一条体形较长的鱼，乌鱼、青鱼或黄鱼都可以；鲈鱼和鳜鱼不行，因为它们的体形不够长。取鱼身的横片一半，只用半片，扁平的形状像是古琴。取菠萝切成方块，将鱼用油炸后与菠萝烹，形成甜酸味。剖面朝下，鱼身朝上，放盘里。用拔丝的做法，用锅拉出几根糖丝，将糖丝从鱼头拉到鱼尾，使其外形像一架琴，拔出的丝就是"琴弦"，亮晶晶的，既好吃又好看。这道菜的色、形、味都非常好，关键在于放在鱼身上的那几根拔丝，要突出，要长，才能显示出弦的感觉来。我曾经在一家西餐馆吃过一份苹果派，派上面放上了一圈拔丝，如同王冠般地耸立在上面，非常有趣。

因为有拔丝，鱼里就不能有卤汁，否则拔丝就被泡软了。如果无法做到完全去卤汁，可以把菠萝放在鱼身的下面垫底，光露出鱼身，在头和尾各置几块菠萝，作为琴码，在上面拉拔丝，形成琴弦，也会很好看。

这道菜借琴的造型来表现周瑜的才艺，有了"琴丝"才像琴，不失为一道有趣的"三国菜"。

草船借箭

　　在《三国演义》里，"草船借箭"是个家喻户晓的故事。说的是在赤壁大战之前，曹操陈兵百万于长江北岸，时刻准备攻打位于江南的东吴。这时刘备和孙权建立了军事联盟，共同抗击曹兵。但身为东吴大都督的周瑜却对诸葛亮心生妒忌，一心想找个借口来加害他。一天，周瑜升帐，邀诸葛亮来议事，故意问他：两军对垒，当以何兵器为先？诸葛亮说是大江之上，当然以弓箭为先。周瑜便以军中缺箭为名，请诸葛亮在十天之内为他监造出十万支箭来。他想诸葛亮要想赤手空拳完成这一任务是不可能的，但是诸葛亮却胸有成竹地说不必十天，只消三天就能造出。周瑜认为他口出狂言，便让他立下军令状，想制造个杀他的凭据。诸葛亮坦然立了军令状，让周瑜在三天后派五百士兵到江边搬箭。

　　诸葛亮接受任务后，向鲁肃借了二十条小船，每只船上配军士三十人，船上面用青布为幔，在船的两侧摆放着上千个稻草把。他在第三天的晚上，请鲁肃同到船上去取箭。他们一起把船摇向江北曹营。这天晚上江上大雾弥漫，行至江心，雾大得更是对面不见人。二十条小船靠近北岸时，诸葛亮命船上的军士一齐擂鼓呐喊。鲁肃大惊，担心曹兵会闻声而攻击。诸葛亮却说不怕，天有大雾，曹操必定不敢出兵攻击。

　　曹操听得消息，认为必有埋伏，果然不敢出兵，下令不要轻举妄动。他下令水、旱两寨的士兵守住营寨，一齐向雾中的来船乱箭射之！一时水寨中的三千水军，旱寨中的一万余士兵，一个个张弓劲射，万箭齐发，都射向雾中的二十条船，如雨般的箭都射到了稻草把。诸葛亮与鲁肃在船舱中悠然喝酒，等面对着江北一面的船上插满了箭时，又让士兵把船掉转方向，让另一面受箭。等二十条船上的稻草把都插满了箭，诸葛亮才下令驶回南岸，向周瑜交令。这一次，诸葛亮收到了十五六万

"草船借箭"　镇江大酒店　贾艺强制作

支箭，完美地完成了周瑜交付的军令，不但把曹操气得半死，也把周瑜气得半死。

"草船借箭"这道菜，就是表现这个故事。它的着眼点是"箭"，而且要"万箭"，乱七八糟地插着，才能显示出气氛。首先，要选一只大长腰盘，这样才有足够的空间摆放几只"小船"。"船"的材料有多种：可以将腰芒对切开，再剜空而做成；也可以用粽叶扎成；也可以用蛋皮烤成船形。最好当中还要做一只"大船"，来做曹营的水寨，可以用冬瓜或甜瓜挖成船的形状。"船"上满满地堆着牙签肉。所谓牙签肉，就是每根牙签上戳上一小块沾有芝麻的烤肉，将牙签肉堆放在一起，就代表着从曹营射来的乱箭。几只小船要围着大船摆放。其中一只小船内，可以摆放两只小型的面人，那是悠然坐着喝酒的诸葛亮和鲁肃。

厨师在做这道菜时，在食材上可做进一步的改进，可选用烫熟的芦笋来做"船"，这就提高了菜肴的档次。可把十几根芦笋并排，当中用牙签横着穿进去，使前头翘起，再装上弯曲的船篷，看上去有如竹筏，也如曹营的旗舰。如觉牙签肉的档次不高，改用烤熟的培根来包扎金针菜，上面再乱插上牙签，也是可以的。为了烘托气氛，还可以用青萝卜刻一堆假山，上面插上芹菜，放在盘边，算是岸边的山峰。在盘底倒入染绿的果冻，作为绿水。在假山的背面放一些干冰，用冒气的干冰来制造出"雾"的效果。这样，"草船借箭"这道菜里两大最重要的元素"箭"和"雾"都有了，端上来一看，雾气氤氲，乱箭丛生，有了气氛。

　　曾经有人建议说，要用蒸熟的刺猬来做装了箭的船，或者用毛栗子的外壳来做船，但都比较牵强，没有插了牙签的肉自然。

　　其实，"草船借箭"这道菜的食材并不重要，因为它的作用主要还是有趣，口味在其次。它的食材还可以应时而变化，船中所载的可以是肉，可以是鱼，也可以是虾仁等物，但关键是要在上面插上众多的牙签，才能算是"箭"。此外，最好有"雾"，才有气氛。没"雾"也可以的。船的材料可以用瓜果剜，也可以用其他材料拼，只要看上去像草船就行。这是一道以趣味取胜的"三国菜"。

江东儒生

　　"江东儒生"是一道普通的凉菜，它就是凉拌海蜇。

　　海蜇是水母的一种，它生长在海洋之中，是一种随潮流而漂的无脊椎动物，在海洋中的数量非常之大，品种也非常多。它似乎只存在于中国人的食谱之中，外国人从来不把它入菜。

　　海蜇是一种低等生物，早在五亿年前就存在于海洋中了，那时恐龙还没有出现，等恐龙消亡了，它还存在着。它不能自己行动，只能随海流而漂浮。渔民把它们网捕上来，立即用盐和矾进行腌制，并分成伞部和口腕这两部分。它的伞部就是俗称的"罗皮"，因为呈半透明状，平展如罗帕，质感像皮肤，因而得名为罗皮（罗是一种丝织品的名称）。口腕则是呈紫红色的扭曲状，富有弹性，吃在嘴里口感非常好。人们都把这一部分称为"海蜇头"，其实这却是海蜇的腕足，即触角。

　　我曾在山东海边吃过新鲜的海蜇，那是刚刚捕捞上来的，还呈透明状，被养在盆里，半漂着，若有若无的，如同一汪明胶。渤海里盛产水母，每年的春天为水母汛，成片成片的海域里都漂浮着水母，渔民们都不敢下水，怕被它蜇了。刚捕上来的新鲜海蜇可以吃，但这种新鲜的海产只能在当地吃，无法带到外地去。即使是你把它装在水盆里运输，时间一长它就化成了一摊水，要想吃新鲜的海蜇，只有到海边去，而且只能在海蜇的捕捞季节才行。

山东人取新鲜的海蜇，切成大块，放在一大盆凉水里，里面放上蒜泥、大葱、老醋和盐，就成了海蜇汤。吃在嘴里，凉凉滑滑的，非常爽口。海蜇千万不能烫，也千万不能炒，一烫一炒就没了。这种新鲜的凉拌海蜇汤我只在山东海边的几家小店里吃过，别处或是别时都没有遇到过。

虽然说海蜇不宜炒，但福建人的菜谱中却有一款炒双脆，就是用海蜇来炒腰花。急火爆炒后的腰花是脆的，海蜇也是脆

"江东儒生"　避风塘大酒店　鲁庆制作

的，所以叫双脆。但是，海蜇不能炒，只能在腰花炒好后就灭火，趁热把海蜇放入，翻炒几下就得装盘，掌握火候非常要紧。菜上来后要快吃，动作迟了，海蜇就老了、缩了，不好吃了。

罗皮或海蜇头最好的做法还是凉拌。凉拌的方法并不多，一般都是加入酱油、糖、醋和麻油来拌。有的加入几片黄瓜，有的加入十几粒油炸花生米，有的地方加入萝卜丝，取其生脆。山东的老醋蜇头最好吃，为了脆感，不用罗皮，只选硬而脆的海蜇头，用北方产的老醋来拌，不加入酱油，只拌入大葱丝、蒜泥、黄瓜条，端上来生、脆、辣、酸、香，一咬绷脆爽口，堪称是绝品。

凉拌海蜇要用醋，好像这是中国菜谱里普遍都有的方法。可能在腌制海蜇时里面有碱，加了醋可以中和，不加醋的海蜇确实不好吃。南方人在加了醋后，习惯地再放点糖，来调下味。

不过，我做凉拌海蜇时，不用醋，而是加入苹果来拌。把苹果去皮后削成薄片，加入海蜇后，淋一点麻油和淡的生抽，拌和后，让苹果的甜酸味进入海蜇，稍等一会儿就可以吃了。苹果里有果酸，其味还带甜，这种酸甜是和一般的醋酸滋味不一样的，比较绵和醇香，吃起来特别有味。

《三国演义》里"诸葛亮舌战群儒"一节，说到江东多有名士儒生，一个个都是饱学之士，但在诸葛亮的眼里，他们却是"若夫小人之儒，惟务雕虫，专工翰墨，青春作赋，皓首穷经；笔下虽有千言，胸中实无一策。且如扬雄以文章名世，而屈身事莽，不免投阁而死。此所谓小人之儒也，虽日赋万言，亦何取哉！"。他们只是些寻章摘句、舞文弄墨之流的酸臭书生。这些儒生都是酸文假醋的文人，所以我想把苹果拌海蜇这道菜用"江东儒生"来命名，由于用苹果而不用醋，则苹果就是"假醋"了。他们好诗文，调平仄，而此菜中既有"苹"，又有"蜇"，正好应了"平仄"的谐音。算是勉强附会吧。

群英会

群英会蒋干中计

　　赤壁大战前，孙刘结成同盟，共同抗击曹操。九江书生蒋干与周瑜是同学，投在曹操帐下做幕僚，自愿到东吴来劝说周瑜投降。周瑜聪明，见蒋干在临战前从江北驾一叶扁舟来，知其是曹操的说客，就想将计就计，利用他来向曹操传递错误信息、假情报。一见面，周瑜热情迎接，故意问他，远道而来是为曹氏做说客的吧？蒋干见被他说破，大惊，矢口否认。周瑜大笑说："我虽不是师旷，能够闻弦歌而知雅意，但还是知道一些事的。"他是用这句话来封住蒋干的口，使蒋不便说出劝降的话来。

　　周瑜决定进一步利用蒋干，向他显示东吴的实力，以炫耀军威。周瑜特意尽招江东英杰，摆了个隆重的"群英会"来接待。周瑜取下佩剑交给太史慈，让他捧剑监酒，令席上只谈友情，不谈战争，违令者斩！蒋干更不敢多言。江东的英雄豪杰众多，分文武两列而坐，帐下鼓吹奏乐，各人轮番行酒，席上大家觥筹交错，气氛热烈。酒至半酣，周瑜牵着蒋干的手走出帐外，观看军队。只见两旁军士，皆全装贯带，持戈执戟而立。

周瑜问他，军威是否雄壮？蒋干夸说真是熊虎之士！周瑜又引蒋干到帐后去看仓库，里面的粮草堆积如山，又问粮草是否充足？蒋干说，兵精粮足，名不虚传。周瑜佯醉大笑，想当年我与你同学的时候，没料到有今日的威风！他说："大丈夫处世，如能遇到知己的主公，把国家的大事交托给他，体现骨肉之恩，言必行，计必从，祸福都与之相共，即使是苏秦、张仪、陆贾和郦生这样的人才复出，口似悬河，舌如利刃，又怎能说动我的心呢？"说罢大笑。蒋干听了这一番话，面如土色。周瑜又带蒋干入帐中，指着席上的诸将说，这些都是江东的英杰，今日之会，可以称之为"群英会"啊！席罢，周瑜拉着蒋干同宿一床，抵足而眠。其实，周瑜已布下一个计策，把一封信放在案头。此信是周瑜冒充曹营的将领蔡瑁和张允写的，说是准备

"群英会"　听鹂山庄　任伟强制作

杀了曹操来降。半夜，蒋干起身，翻周瑜的文件，偷走了那封信，回到曹营。曹操见信，当即把蔡瑁和张允杀了。此二人原是荆州之将，善于治理水军，是周瑜的心腹之患，他使出这个借刀杀人之计，除了蔡、张二人，从此曹营中无人懂水战之术了。

虽然书中并没有写出这次宴会上吃的是什么菜肴，但给我以此故事来做菜留下了想象的空间。既是"群英会"，那可以考虑把一些食材放在一起烹饪，做成大杂烩。杂者，群也，多也。用来上席的菜，不会是下等的料，只是指品种之杂，却要取其精华，即"英"，因此，用"群英会"来命名大杂烩是恰当的。

中国南北各地都有大杂烩。"大杂烩"这个名称不是太文雅，但其味却是可以融合众菜之长的。有一道最有名的杂烩叫"李鸿章杂烩"。是说 1896 年，李鸿章访问欧美，到了美国，叫使馆的厨师用中国的徽菜宴请美国宾客（李鸿章是安徽人）。因中国菜可口美味，深受欢迎，一连吃了几个小时洋人还不肯下席。此时总管向他禀告："中堂大人，菜已吃完，怎么办？"李鸿章略加思索后说："把撤下去的残菜混在一起加热，用大盆端上来。"不一会儿，热气腾腾的菜端上桌，洋人尝后连声叫好，便问菜名。李鸿章一时答不上来，只是说："好吃多吃！"岂料歪打正着，"好吃多吃"与英语"杂烩"（hotchpotch）发音相近，后来此菜便被命名为"李鸿章杂烩"。这道菜是李鸿章带到国外去的，所以在国外一直把这道杂烩视为中国菜的代表。

杂烩并无定规，一般是根据食材的来源和多寡做出，以耐炖耐煮，且又滋味鲜美的海鲜为主，各种食材的味道不能有冲突，也不能有犯忌，并以互相衬托为要。

　　最昂贵的杂烩要数福建的"佛跳墙"。这道菜是把多种名贵的海鲜和食材放在一起炖，有鸡、鸭、羊肉、猪肚、海参、鲍鱼和鱿鱼等十几种，放在装绍兴酒的坛子里炖，慢慢煨炖，吊出海鲜的鲜味，香气外溢，既鲜美酥烂，又富有营养。因为菜里的原料众多，又名"福寿全"。它和"李鸿章杂烩"的"杂"的程度差不多，只是因为福建近海，以海鲜品种为主。东北有一道菜叫"乱炖"，才是真正的大杂烩，是把豆角、土豆、茄子、青椒、番茄、木耳和白菜等多种蔬菜与排骨一同炖熟即成。东北"乱炖"简单易煮，有荤有素，营养丰富，味道鲜美，是一道常见的东北家常菜。这道菜的食材是民间最常见的，可以根据季节的不同来配菜，只要炖得热乎乎的就行。山东也有类似的杂烩，是把多种海鲜和油炸后的海鱼块放在一起炖。

　　如果把以上这些杂烩都称为"群英会"，也未尝不可，只是还不是最贴切的。要考虑到《三国演义》里所写的"群英会"是在江东召开的，那就要设计出具有江东特色的菜肴来。江东以水乡为主，所以这道"群英会"不能用以海鲜为主的"佛跳墙"，不能用安徽菜"李鸿章杂烩"，更不能用农家菜蔬为主的东北"乱炖"的食材来做，而要以长江的淡水鱼鲜为食材来做。

　　苏中地区的古镇溱潼靠近溱湖，这里水域宽阔，水质清纯，水草丰茂，所繁育生长的水生动植物肉质细嫩，味道鲜美，营养丰富。当地把产于水中的溱湖簖蟹、青虾、甲鱼、银鱼、"四喜"、螺贝、水禽、水蔬总称为"澄湖八鲜"。虽号称是八鲜，其实品种还不止八种，因为"四喜"还分"大四喜"和"小四喜"这两种。"大四喜"是青、白、鲤、鳜这四种鱼的总称；"小四喜"则是昂刺鱼、旁皮鱼、罗汉鱼和鲻鱼这四种。而水蔬的品种更多，有水芹菜、茭白、菱、藕、荸荠和蒲菜等。此外螺贝也有多种，总括起来要有近二十种之多。当地人把这里的青鱼剐出肉来，做成鱼饼，把青虾做成虾球，烹煮后都极度鲜美。这些"八鲜"是招待客人时最原生态的绿色食品，可以摆满一桌席。

不过，对于一两位客人来说，要想吃完这整整一桌的"八鲜"是不可能的，因为它的量太大。有的饭店就设计出了一种杂烩水八鲜的菜，挑选出八样食材：选两条新鲜的鳜鱼、白鱼，或是昂刺鱼与切成两半的螃蟹；再放入青虾、螺蛳、蚌肉、甲鱼，加上鱼饼和虾球，烩成一大钵，堆得满满地端上来，鲜香扑鼻，味美可口。我曾在澄潼多次吃过这道菜，面湖而食，微风吹拂，无异于神仙。

遥想当年，周瑜与曹操陈兵于长江南北两岸，军中摆席，匆促难备，一时所能得到的，想也只能是就地取材的江鲜而已。江鲜为江东所产，澄潼在三国时也是东吴的领地，因此我把"澄湖八鲜"直接设为"群英会"，应较为适当。也许，把它改称为"群英烩"，更为恰当！

乔国老做寿

君臣江左著英称 姐妹干今声价增
犹幸未遭铜雀锁 朝朝歌次望西陵
二乔像

　　《三国演义》与《三国志》不同，后者是正史，所写的一切都是有根据的史实；但前者却是根据后者而写出的小说，在历史之外改变了一些事实和人物，还增加了一些事实和人物。乔国老就是增加的人物之一。

　　《三国志》中并没有乔国老这个人物，只有桥玄，他字公祖，曾官至太尉，对曹操有知遇之恩，名重当时。但这个桥玄一直生活在魏国，没有到过江南。《三国演义》里把他改名为乔玄，安排在东吴。他的两个女儿都是绝色的美女。大乔嫁给孙策为妻，小乔嫁给周瑜为妻，所以他和吴国太是亲家。大小乔在《三国志》上虽有载，但却是姓"桥"而不姓"乔"，她们没有名字。在小说中是通过诸葛亮之口说出的，他佯装不知小乔是周瑜之妻，故意说曹操听说江东有二乔美女，便在漳水之滨起造铜雀台，想攻下江东后把二乔收入台中，供自己欢乐。他甚至还故意篡改曹植做的《铜雀台赋》中的句子，把"揽二桥于东南兮，乐朝夕之与共"，改为"揽二乔于东南兮"，以激怒周瑜。周瑜果然大怒，决心与刘备联盟，与曹操决战。在书中，乔国老和二乔的姓氏，第一次就是由诸葛亮之口说出的。

赤壁之战后，周瑜施出美人计，诱惑刘备到南徐来与孙尚香结亲。诸葛亮为了让周瑜假戏真做，便让赵云去拜会乔国老，告诉他孙刘结亲的事，故意让乔国老去告诉吴国太，逼吴国太表态。这时，书中才正式提到了乔国老："那乔国老乃是二乔之父，居于南徐。"但接下去他的戏份也不多，只是在吴国太相亲时帮帮人场，说说好话而已。乔国老居住于南徐这几句话，就让民间认定了南徐是乔国老的家乡，他家就住在城西十几里的乔家门。其实《三国演义》里写错了，三国时的镇江叫京口，直到南朝宋时才叫南徐。有人说乔国老是安徽舒城人，因为乔国老与周瑜是同乡，才把小女儿许配给了这位才子。周瑜是舒城人。

"乔国老做寿" 镇江大酒店 朱伟制作

不管怎么说，乔国老是个生活在民间传说中的人物。他是位年高序长的老者，社会地位也不低，不管他的家乡籍贯是在何处，总是要过生日的吧？过生日就得吃面条。在中国，过生日要吃面条，图的是面条长长的，寓意着长寿。所以"乔国老做寿"这一道不是菜，而是主食，是面条。

和烧饼一样，面条并不是中原的土产，它也是胡饼的一种，但做法不同，不是烘烤，而是用水煮熟的。古时饼的概念和现在的有所不同，但凡是用面粉做成的扁状食物，一概称之为"饼"。烧烤成的叫胡饼或烧饼，水煮的就叫汤饼，蒸的叫炊饼。早前所吃的汤饼并非长条形，也有圆的或其他形状的，如同我们今日所吃的疙瘩汤、片儿汤或拨面鱼儿，后来才逐渐发展为切成长长细细的面条的。

面条进入中原地区，已经历了两千年，已经被改造为"国食"了。中国现在无论南北，都有面条供应，而且根据地域的不同，各有创造：山西有刀削面，陕西有臊子面、荞麦面和莜麦面，兰州有拉面，河北有抻面，河南有浆水面，山东有手擀面，四川有担担面，武汉有热干面，广东有云吞面，福建有担仔面，杭州有熬面，扬州有虾仔面，东台有刀鱼面，常州有银丝面，昆山有奥灶面，苏州有响鱼爆鳝面，上海有阳春面，淮安有皮肚面，东北有朝鲜冷面，北京有炸酱面和打卤面，莆田有卤面，台湾有牛肉面。乔国老要想做寿，可以任取一种面条来吃。可他既是生活在京口，就得按照京口的特色来吃一顿锅盖面。

倘若到北方人家去做客，主人殷勤留客，能干的主妇随即取水和面，一碗热气腾腾的面条顷刻就端了上来。在镇江，虽然也有很多人喜欢吃面条，但从未见到任何人能在家中做出锅盖面来。锅盖面虽然好吃，却是进不了普通百姓的家门，要吃只能到街上的面店里去吃，而且全城也只有那几家店能做出锅盖面来。锅盖面是镇江特有的一种水煮面条，它虽然是一种看似寻常的街头主食，但不是寻常百姓家可以随时制作得出的。它最为独特的地方：一是面条，二是锅盖。

镇江人一般把机制的、里面放了碱的生面条叫水面，煮熟了的水面叫火面；而锅盖面的面条则叫跳面，又叫"小刀面"。所谓跳面，就是将面团揉成面片后放在案板上，然后将一根粗大的竹杠一头固定在案板上，横压在面片的上面，做面条的人就坐在竹杠的另一头，一脚搭地踮着，借着竹杠的弹性上下跳动，利用身体的重量和竹杠的弹性把面片逐渐压成薄薄的面皮，最后再用一柄巨大的刀细细地切成面条（奇怪的是，明明是用大刀切，却叫"小刀面"）。用这种弹跳重压的方法做出的面条，滑爽而有韧性，当然要比用双手揉出、擀出或拉出的面条筋道得多。

面店里煮"小刀面"的锅也与众不同，大锅小盖，一只小小的木质锅盖漂浮在硕大的面锅里。据说这样煮出来的面条容易熟，却又不会烂，而且外熟内硬，吃在嘴里非常筋道。小小的锅盖浮在大锅汤上，可以便于观察，随时酌情加水，防止热汤溢出；也可沿着小锅盖外沿一份一份地投入生面条，这样不容易黏结，不散乱。镇江面店里都是用大灶煮面条，灶当中支一只大铁锅，旁边有一只小小的汤罐，是用来烧热水的。漂浮在面锅里的锅盖就放在这只汤罐上。也有人说在面锅里煮锅盖对面条的味道并无多大的影响，只是一种偶然的发现，以后索性用它做吸引食客的噱头了。但无论怎么说，在硕大的面锅里煮着一只小小的锅盖却只有在镇江的面店里能见到，这是独一家的。

面条里的汤卤也很独特，调料非常讲究，是用上好的酱油特别熬制成的。在面碗里可以放入香干、猪肉丝、猪肝、猪腰花、牛肉、黄鳝丝、鸡蛋、鲜笋、川芎、小青菜、青椒、绿豆芽和青蒜等配头，称为"浇头"。这些浇头是放在面汤里烫熟后再加入面碗的，所以时间一久，那面汤就成了荤汤，鲜美还不油腻。店里还备有辣椒油、蒜泥、胡椒、虾仔等调料，任人随意取用。这样调配成的汤卤花样品种极多，口味也非常独特，鲜美异常，当然会令食客们胃口大开，赞不绝口了。用这么独特的方法做成的锅盖面，当然不可能在自己家里做得出来。

按理说，面条只是北方人喜欢的主食，南方人爱吃米饭，或者吃米粉。镇江用跳杠子的方法来压面条的做法，并不是当地人自创的，是从北方传入的；直到现在，胶东还在用一根杠子来跳着压面条的方法。但面条传到南方之后，也都加上了地方特色，如北方做面条不加碱，而南方因为暖湿，面条做好后容易发酵，口味发酸，一般都会在面条里加入石碱，以求中和，吃起来也别有一股香味。

这道"乔国老做寿"菜，可以来为天下的寿星们贺寿，但恐怕只能请他们到镇江来品尝了。

双贤果拼

　　"孔融让梨"和"陆绩怀橘"这两个故事的主人公都在《三国演义》中出现，而且都有一定的戏份，只不过没有曹操、诸葛亮等人那样多、那样重要而已。

　　孔融字文举，山东曲阜人，是孔子的二十世孙。他在《三国演义》一书中出现很早，十八镇诸侯起兵讨伐董卓时，他任北海太守，率兵参加了，而且在战斗中表现不俗，与董卓打过多次仗。孔融最终被曹操所杀。孔融小时候就十分聪明，四岁时就熟读经书，懂得礼节，很受父母的宠爱。一次他父亲给他们兄弟吃梨，把一只大梨给他，他摇摇头，挑了一只最小的梨子，说："我年纪最小，应该吃小的，那个大的让给哥哥吃。"父母见他这样懂礼谦让，十分喜欢。这就是"孔融让梨"佳话的由来。

　　还有一次，孔融随父亲去拜见河南尹李膺，守门的人不放他进去，他说："我家与你家主人是世代通家之好。"主人李膺问他："我的祖上与你的祖上是何亲戚？"孔融说："我家祖宗孔子曾经问礼于你家祖宗老子（老子姓李），这难道不是世代之交吗？"

李膺听了，大为惊奇，称为神童。座上一人不服，说："小时了了，大未必佳。"孔融应声回答道："依你这样说，那你小时候一定是非常聪明的了？"众人大笑，都佩服他的聪明和机智。

陆绩是吴县人，小时候也很机灵。六岁的时候，他去见袁术，袁术让人取出橘子来招待他。那时的橘子还是很稀罕的。陆绩不吃，却拿了三只放在怀里。临走时，他向袁术鞠躬行礼拜谢，没想到橘子从他的襟怀里滚了出来，掉在地上。袁术笑着说："橘子是给你吃的，你却把它装在怀里带回去，这是要干吗？"陆绩跪下来说："大人所赐的橘子非常甜，我想带几只回去给我母亲尝尝。"袁术听了，大为惊奇，说："陆郎这样年幼就知道孝顺长辈了，长大了必然会成才。"

长大了的陆绩果然做了官，而且与诸葛亮打了一番交道。

赤壁大战前，诸葛亮到东吴来劝说孙权与刘备联合，共同

"双贤果拼"　毕士荣江鲜馆　李永乐制作

抗击曹操。孙权让他见东吴的诸位儒生，诸葛亮针尖对麦芒，舌战群儒，与他们展开了一场是战还是降的辩论。东吴的众位儒生见曹操兵多将广，都不主张抵抗，这其中就有陆绩。陆绩起身责问诸葛亮："曹操虽然'挟天子以令诸侯'，但他却是汉时的相国曹参之后。你辅佐的刘备，虽说是中山靖王之后，但却是没有谱系可考的一个织席贩履之徒，怎能与曹操的大军相抗衡呢？"

诸葛亮反驳说："先生就是当年怀橘而事亲的陆郎吧？你说错了，曹操既是相国之后，则应该世代为汉臣，可他现在做的却是有害于汉室的事，这不仅无君，也蔑视你的祖宗了。他不仅是汉室的乱臣，也是曹氏的贼子！刘备是堂堂的帝胄，即使当今的皇上，还按谱序来认定他是皇叔呢，怎么说是无谱系可考呢？当年汉高祖以亭长的身份起义，最终有了天下；刘皇叔并不以自己曾是织席贩履的身份为耻，吾主又如何为辱呢？你这是小儿之语，不足与我们高士共语！"诸葛亮这一席义正词严的话，犀利有力，说得陆绩语塞。

"孔融让梨"和"陆绩怀橘"都是中国流传千古的故事，这两个故事中都提到了水果，因此，我用故事中的梨和橘设计出一道"双贤果拼"的水果盘来。把这两种水果拼在一只果盘中，具体做法：把橘子剖成两半，当中挖空，做成橘杯；把梨子剖开，当中挖空，做成梨杯；把梨子切成小块，放入橘杯当中；而把橘子瓣放入梨杯当中，这样形成的图形和颜色都十分好看。这种创新的拼法，能够充分体现"双贤"的意义。

诸葛亮舌战群儒

舌战群儒

　　曹操在剿灭了袁绍、收降了荆州刘琮之后，还想一鼓作气地南下，灭掉孙权的东吴政权。他起兵八十三万，逼近长江北岸，意欲逼孙权投降，与他共同对付刘备。他亲自写檄文给孙权，说是承奉帝命，统雄兵百万，上将千员，前来会猎。如孙权能够与他共伐刘备成功，则同分土地，永结盟好，希望他不要观望，早日结盟。如此一番连威胁带利诱的话，使江东的许多谋士吓破了胆，以张昭为首的儒士们都提出了投降曹操的想法，他们劝孙权早日做出抉择。

　　江东阵营里，只有鲁肃独持一见，力主联盟刘备，抗击曹操。他从江夏请来了诸葛亮，想让他来说服孙权抗战。孙权正在犹豫不决之间，也不想让诸葛亮小觑东吴的实力，便让东吴的众多儒生们第二天麇集于帐中，与诸葛亮来一番辩论，以决定和战之策。

　　《三国演义》里的"舌战群儒"一节，说的就是这个故事。为此，诸葛亮一人与东吴的二十余位谋士展开了一场是战还是和的大辩论。二十多位江南著名的儒士与诸葛亮展开了非常激烈的唇枪舌剑。张昭是江南第一名士，诸葛亮首先要把他驳倒。张认为目前曹操势大，且"挟天子以令诸侯"，占了名分之利。而刘备只是依附别人，根本没有实力，东吴也缺少实力来与曹操抗衡，不如投降。这些儒士，都是非常有名的，不仅知识渊博，也都能言善辩，但都被诸葛亮驳得哑口无言。最终，孙权拍板，决定和刘备结盟，共同抗击曹操。赤壁大战胜利的事实，证明了诸葛亮的判断正确。

"舌战群儒"是一场辩论会，由二十几位儒士来对付诸葛亮一人。双方动的不是手，而是口，是真正的唇枪舌剑。因此，这道菜就应该从"口"和"舌"上着手设计创意。

在中国的菜肴中，最为名贵的"舌"应该算是鸭舌，这道菜由于慈禧太后喜爱而被捧上了极高的地位。其实，就鸭舌本

"舌战群儒"　　扬中白玉兰酒店　孔庆璞制作

身来说，只是稀罕而已，因为一鸭只有一舌，要想取一舌就必须杀一鸭，其料难得。实心讲，我个人觉得，鸭舌口味并不见得如何上乘，相比猪舌和牛舌，其味也差不多，只是猪、牛的品位要低而已。诸葛亮和众儒生辩论需要用舌头，就以"舌"来做主打。这道菜体现众舌来围一舌的特征，故在盘中放入切成薄片的卤猪舌、烟熏牛舌，周围摆放一圈鸭舌，象征着诸葛亮被众多儒士包围辩论的情景。

此道"舌战群儒"也可以从"口"的角度来设计。在中国诸菜中，最为名贵的"口"是什么？或者说，最为名贵的"嘴"是什么？

江苏的菜式中，最为名贵的嘴应该算是河豚嘴，第二名贵的应是鮰鱼嘴，第三名贵的应是刀鱼嘴。俗语说："鲢鱼头，青鱼尾，鮰鱼肚。刀鱼的鼻子，河豚的嘴。"河豚、鮰鱼和刀鱼都算是淡水鱼中的珍稀鱼，因为极其稀少，所以价格昂贵。一条价格如此昂贵的鱼，只能取一嘴，而一盘菜要有八个鱼嘴来相拼！所以，这道"舌战群儒"价格实在不菲，食材之贵重可见一斑。

镇江的菜谱中本来就有着鱼嘴的做法，无论是刀鱼还是鮰鱼，它们的嘴都是上品。把它们的头齐颈剁下，要多留一点肉，也要保持嘴形的完整。然后用猛火急蒸熟后，抹油摆盘。摆法可以是四周八只刀鱼嘴，当中一只大的鮰鱼嘴，也可以是四周八只刀鱼嘴，当中一堆卤好的鸭舌，都可以算是"舌战群儒"。不久前，扬中举办河豚美食节，有厨师居然用十八只河豚嘴做成了一道菜，叫"群唇拱月"，把鱼中之极品河豚的嘴割下来，摆在盘中，成为一道最为稀缺的菜馔。但只要把这道菜略改一下，在盘子当中再摆一嘴，就可以做成"舌战群儒"了。人们之所以喜食鱼嘴，是因为鱼的唇部没有刺，全是软骨，富含胶原蛋白，又是活肉，因此有很多人都嗜食不厌，但这已是一种奢侈的爱好了。

无论是众嘴围一舌、一嘴对众舌、众舌围一舌，还是众嘴围一嘴，都符合了"舌战群儒"的故事要求，都是"唇枪舌剑"的场面再现。当然只能依故事来注释这道菜而已，绝对的逼真是难以办到的。因为文学的故事，要想用菜式来表现，必须加以自己的想象力：你可以想象诸葛亮坐在东吴的大帐中，手执羽扇，风度潇洒地面对着二十几位东吴的名士，侃侃而谈、应对如流的情景，他们正在进行着一场是抵抗还是投降的大辩论。在众口一词的围攻下，诸葛亮坚持自己的观点，毫不畏惧，既有理，又有节，除一一批驳之外，又说清楚为何要联合起来，共同抗曹的利害关系，这样就可以对这盘菜的创意有所了解了。"三国宴"菜的设计，本是一件寓历史于游戏之内的事，上菜后听故事，哈哈一笑之后就吃菜，是认不得真的。

苦肉计

苦瓜在明代前就没有在中国的文献上出现过，它是一种来历不明的植物。15世纪初，苦瓜才出现在《救荒本草》上，而且是作为救荒食物出现的。因为它的味苦，日常人们忌食。广州一带的人，将之称为"凉瓜"。其实它有一个非常好听的雅名，叫"锦荔枝"，这是因为它的表面粗糙、纹理凸起，外形似荔枝，颜色在未熟时为青，熟透后又转而为黄，艳丽可人。古时也有人称它为"南番"，南者热带也，番者外国也，点明了它是来自热带的、外国的。

苦瓜喜温热，江西、湖南和广东等南方省份多种植，这些地区的人也喜爱吃。毛泽东生前喜欢吃苦瓜炒肉。粤菜的菜谱上多有以凉瓜为原料做的菜，较为出名的是"酿苦瓜"。粤菜的"酿"，并不是指酿酒发酵，而是指在瓜果里面塞肉。酿苦瓜就是在苦瓜里面塞肉，蒸熟后食之。因苦瓜味苦，一般都要先把它在水中焯一下，既保持了瓜的新鲜的青绿色，又能去其苦味。粤菜中还有凉瓜炖汤的做法，炖品很广，但凡炖排骨、鸡、凤爪、鱼、猪肚诸物时都可以加入。加入苦瓜并不仅是为了其味好吃，更因为苦瓜有药性，利于降低血压、血糖。广东人和四川人都喜欢以药入菜，做成药膳；苦瓜是清火败毒的，故多用于粤菜。其实，清炒苦瓜也很好吃，炒时加蒜泥或辣椒都行。湖南用豆豉炒苦瓜，也有用腊肉来炒，或者直接凉拌，都很入味。

人的味蕾有一种非常奇特的感觉，就是在吃了苦物之后，会微微产生甜味，这是一种味觉上的相补效应。久吃苦瓜，会产生微甜感的。

因为苦瓜之苦，所以可以用来做"三国宴"中的"苦肉计"这道菜。

"苦肉计"　听鹏山庄　席亮制作

"苦肉计"原出于"三十六计"。《三十六计》是明清时人总结成书的，分为六套计策，每套各含六计。其中部分是不需花大力气就能取得成功的计，如借刀杀人、上屋抽梯等；部分是需花一些力气才能取得成功的计，如调虎离山、打草惊蛇等；剩下则是不得已而用之的计，如苦肉计、美人计、走为上等，用这些计时，总要牺牲一点自己的东西，所以也叫败战计。兵家出苦肉计时已属下策了，因为已经处于劣境，只能以自伤自残来实施计谋；较有名的例子有春秋时的"要离断臂刺庆忌"，以及《三国演义》里的"周瑜打黄盖"了。

　　赤壁大战之前，曹操陈兵八十三万，号称百万，逼近长江北岸，要灭东吴。周瑜与诸葛亮定计，拟用火攻来袭击曹营，又派庞统献计，用连环计锁住了曹军的战船，就缺一个人前去诈降，以做内应了。这时，东吴的百战老将黄盖夜里来见周瑜，说自己愿意前去诈降。为了制造假情报，骗取曹操的信任，两人便拟定了一个苦肉计，周瑜说："不受些苦，彼如何肯信？"第二天，周瑜升帐，黄盖故意说曹军势大难敌，不如弃甲倒戈，早日投降。周瑜装作勃然变色，大怒道："我奉主公之命，督兵破曹，敢有言降者必斩。今两军相敌之际，你敢出此言，慢我军心，不斩汝首，难以服众！"当即就要把黄盖推出斩首。黄盖不服，当庭抗议，说自己已经辅佐了东吴三世，你这黄口小儿算老几？甘宁上前劝阻求情，被周瑜乱棒打出。众将慌了，一齐下跪求情，周瑜这才假装平息些怒气，令把黄盖拖翻打一百脊杖压威！大家一齐苦苦求免，这才打了五十脊杖，放回帐中。

　　黄盖被打得皮开肉绽，抬回营去，躺在帐中不能行动。这下有了取得曹操信任的口实，便派参谋阚泽前往曹营下密书，表示愿为内应。曹操又得到诈降的间谍的回信，认定是真的，决定接受黄盖，于是中计。在两军大战的前夜，黄盖带船驶往北岸曹营，船上全是易燃之物，船一近北岸水寨，便放起火来。正好诸葛亮借来东风，风助火势，最终大败曹操人马，取得了赤壁大战的胜利，奠定了三国鼎立的基础。黄盖的这一番计，后人评为"周瑜打黄盖，一个愿打，一个愿挨"，也成为"苦肉计"中的最典型范例。

　　按理说，黄盖所受的刑并不是苦，而是疼，之所以叫苦，是因为利用"通感"的作用而转移。因此，要选择一味菜来代表"苦肉计"，首选味苦的菜。

　　中国带有苦味的菜不少，如苦菜、慈姑、百合都苦，但我选择苦瓜，因为它和肉一起更容易烹饪。粤菜中的"酿苦瓜"的做法就可以移用。选两条外形圆而长的苦瓜，从两头掏通，挖出内瓤，形成中空，在里面塞入搅拌好的肉糜。虽说无论是牛肉、羊肉或猪肉的糜都行，但以猪肉为最佳选择，因为猪肉的油多，可以沁入苦瓜里，口感好。把塞好肉糜的苦瓜上笼蒸熟，不要破坏了外形，等冷却后，用快刀竖着切开，形成一片片外部绿色、内部肉色的圈，切面要保持光滑。

　　等苦瓜圈冷透后，即用两粒红豆嵌入上部，像人的双眼，选一粒紫黑色的豇豆籽，弧形朝下嵌在圈的下部，或者嵌入剪成弧形的海带，这样就形成了一张脸，不是笑脸，而是哭丧着的脸。这个图形，就是当今最流行的"囧"字标识。

"囧"字是当今网络语言的一个发明，当代社会，无人不知这个"囧"字，也都会用这个"囧"字：心里郁闷了，无奈了，尴尬了，发愁了，都叫"囧"。甚至做了一件有激情的事，也叫"囧"！人们看中它，并不意味着知道这个字的原来意思，只不过是因为它的外形像一个人苦笑着的脸，一个脸框，里面有着一双倒八字眉，下面一张下弯的嘴，真正是"苦煞哉"！这个字以它的外形而获得了现代人的宠爱，不是因为它的意，而是它的形，真正是匪夷所思！

因此，用塞肉的苦瓜圈做成一个个"囧"字，摆放在盘子里，就像一大堆"苦瓜脸"，从而使这盘菜有了一种现代意味。被周瑜毒打后的黄盖，想必也是装着这样一副苦脸的吧，否则不可能骗过多疑的曹操。这盘菜上桌，客人都会会心一笑。

不过，在实际操作时，我的大厨对它进行了更改，他没有用猪肉糜，而是将鹅肝糜塞入苦瓜。在装嵌"囧"字的双眼时，他说圈太小，没法嵌，就把八个苦瓜圈堆在盘子的上部，在下面用巧克力浆浇出了一个大大的"囧"字。这样做，食材的档次提高了，糜的表面细腻了，但"囧"字却和苦瓜圈分离了，不成"苦瓜脸"了，其趣味性减弱了。因此，我还是坚持用小豆来做出"囧"字的"苦瓜脸"，那才有趣逗笑，否则总觉美中不足。

还有一点，最好选用黄色的瓷盘来装苦瓜，上面加上黄色的盖子，暗含"黄盖"的谐音，或在白色的盘子上加一只用南瓜刻的盖也行，反正只要是黄的盖就行，这样才是黄盖施的"苦肉计"呢！

火烧赤壁

"火烧赤壁"是《三国演义》里最重要的一场戏，也是中国军事史上一次最著名的战例。因此，"火烧赤壁"不仅是妇孺皆知的故事，餐饮界也喜欢以此故事做成菜肴。

但是，以往很多"火烧赤壁"这道菜在设计上，只是看中它的谐音，大多根据"赤壁"这两个字来演绎，或是用象鼻蚌、鳖这样的食物来做附会。如红烧甲鱼常被称为"火烧赤壁"，因为"鳖"与"壁"是谐音，"红烧"与"火烧""赤"相应，此说未免有点不尽如人意。

要知道，"火烧赤壁"的重点并不在"壁"。赤壁只是个地名，那场大战在那里举行，而没有把那个"壁"烧红，也不是烧"壁"，它的字眼是在"火烧"上。孙刘联军与曹操在赤壁大战，主要是打水仗，靠的是战船。因此，要做成"火烧赤壁"这道菜，既要有火，也要有水，是否有"壁"并不重要。

因为"赤壁之战"是一场大仗，所以要准备一只特大的盘子。在盘子的一侧摆一只"龙船"，这种"龙船"一般酒店里都有，是用来放三文鱼等刺生的。"船"内的下部放冰碴儿，上面放各种供冷吃的海鲜。这道菜也可以这样来设计：在"船"上堆满三文鱼片、鳕鱼片、龙虾片、象鼻蚌和螺片，拼成一艘绚丽的大船。"龙船"是全菜的中心，它就是曹操的水军大营，上面要插一些彩色的旗帜，上面写着"曹"字。"船"边可布置一些用瓜果或糖做成的小人，表示这是曹方的旗舰。沿"船"的四周甲板上放一些空的小贝壳，里面装着高度白酒。在盘子的另一侧，散落着放一些牡蛎。牡蛎是一种珍贵的水产，法国人心中的最爱，一般都是捕到后就挖开生吃。我在国外吃过这种海鲜，要在牡蛎的上面浇一点白兰地，放在客人的盘子里，用火一点，白兰地烧着，这样可以消毒，然后灭了火再挖里面的肉，或蘸芥末，或蘸奶酪，或挤上点柠檬汁，吃的就是那种

"火烧赤壁"　镇江大酒店　周鹤銮制作

生猛劲。这些牡蛎代表着包围了曹营龙船的东吴的小战船，在牡蛎上面浇一点中国的高度白酒。如果没有牡蛎，可以用赤贝，这也与"赤壁"谐音。为了突出水的效果，要在盘底铺一层用琼脂做成的冻，冻里可放点绿色的食用色素，形成逼真的绿水。

准备停当之后，全场熄灯，两位服务员抬着大盘上桌。上桌前要点燃"龙船"上的贝壳和牡蛎壳内的白酒，蓝色的火苗在盘子里跳跃，摆在桌上，供大家欣赏，这种特殊的效果才有"火烧赤壁"的意味。火烧后的海鲜，经过了一定的消毒，在食用时可以放心些；同时，火烧不仅给人一种视觉上的享受，还有味觉上的享受。

芦花荡

　　长江下游的南京、镇江一带喜欢吃一种蔬菜，叫蒌蒿薹。蒌蒿是一种蒿类的植物，学名叫"柳蒿"，其茎长长之后即是蒌蒿薹，摘之可食。每年春天时蒌蒿开始发芽生长，于是市场上就有得卖了。蒌蒿薹细细长长，如同极细的竹子，呈青绿色，只是在根部呈紫红色，大约要比黄豆芽粗点，比筷子细点，顶部长叶子。当地人买来，摘去根部的茎和顶部的叶，只取当中细嫩的部分，清炒。蒌蒿本是一种普通的田间水边野生的植物，只是一经苏东坡写入诗中："蒌蒿满地芦芽短"，就成了千古名菜。

　　有一次，有北方的朋友来玩，我请她吃蒌蒿薹，她以为是芦苇根，回去后很高兴地告诉家人："我吃芦苇来着！"镇江、南京一带普遍称之为"芦蒿薹"，这是因为在这些地区"蒌"和"芦"的发音相近的缘故，但它并不是芦苇的嫩芽，芦苇的嫩芽叫"葭"。

　　蒌蒿薹的味微苦，但炒熟后有一股无法形容的清香和药香，脆而嫩，清爽可口，是其他的水生植物所不可比拟的。虽然它在南方多有生长，但似乎只有南京和镇江一带的人才把它当作菜吃，相信有很多北方的朋友一生都没有吃过这种菜。以前连附近的苏州、吴锡、常州等地的菜谱上，也没有这道菜，只是南京和镇江两地才有。之所以说"以前"，这是因为现在蒌蒿薹已经被普遍接受了，并且还有人工栽培的，许多蔬菜大棚成片地种植了。因此，此菜已不是时令蔬菜了，在苏南各地全年都能吃到了。但人工栽培的没有野生的所具有的那股特殊的清香和苦味，吃起来较为寡淡。炒野生的蒌蒿薹，被大家看作极品菜了。

　　炒蒌蒿薹是一种家常菜，由于蒌蒿薹是在春天上市，所以多伴以春天的嫩笋丝等食材来炒，无论是荤炒还是素炒都好吃，

"芦花荡"　听鹂山庄　周培杰制作

但一定要是炒，才能吃到那种嫩而脆的感觉，如果是炖或煮，就不成其菜了，凉拌也不行。我从来没有吃过除炒以外的用其他方法做的。

炒蒌蒿薹时，要先放点盐略腌一下，使其入味，也为了增加其脆感，然后在热油中煸炒，加酱油红炒或不加酱油的清炒都可以。南京人喜欢用臭豆腐干来炒蒌蒿薹，清香味、苦味加上臭味，形成了一道非常独特的菜。而镇江人喜欢加入香干、笋丝、肉丝以及酱油，炒成红色的，好吃；只加盐和香干的素炒，也很好吃。有人嫌蒌蒿薹有苦味，其实，若没了这种苦味就不好吃了。清香和苦味，是蒌蒿薹的最大特色。

因为蒌蒿薹又被当地人叫作"芦蒿薹"，我想可以用它来做一道"三国菜"——"芦花荡"。

"芦花荡"的故事源于《三国演义》，有一出著名的京剧叫《芦花荡》，就是根据《三国演义》中的情节来改编的。这出戏是说，周瑜使出了"美人计"，把刘备骗到南徐来结亲，没想到被诸葛亮识破，索性将计就计，假戏真做，使刘备真娶了孙尚香，又成功地逃脱，回到了荆州。周瑜气得要死，派鲁肃到荆州去，假说要借道荆州取西蜀，想乘机收回荆州。没想到又被诸葛亮识破，乘机取了南郡，又派诸将攻打，周瑜在奔逃之时，又遇到诸葛亮派来的张飞，把他逼在芦花荡里，一顿奚落。幸好诸葛亮还念及孙刘联盟，双方又结了亲，令张飞不能伤害周瑜。结果周瑜历经"三气"的挫败，没回到南徐就死了。

一般人因为"蒌"的读音和"芦"相近，多错以为蒌蒿就是芦苇的芽。我们就将错就错，把蒌蒿看成芦花荡里芦苇的嫩芽吧。此道菜可以用两种不同配料来炒。

一种是用豆腐干——臭豆腐干加白豆腐干——来炒。臭豆腐干是棕黑色的，张飞的皮肤是黑的；白豆腐干是白色的，周瑜以年轻英俊而出名，皮肤也是白的。把这两种颜色的豆腐干放在一起炒，还可以加点黄色的笋丝，配上绿色的蒌蒿薹，非常好看，口味也很协调。

还有一种是在蒌蒿薹中配鸡丝——乌骨鸡鸡丝与普通鸡鸡丝——来炒。乌骨鸡的肉是黑色的，这是张飞；普通鸡的肉是白色的，这是周瑜。用鸡丝来炒蒌蒿薹，其味更鲜美。

这样的一盘菜，黑的张飞和白的周瑜藏在芦苇荡里打斗，意也有了，形也有了，口彩也有了，应该与故事相符合了吧。

锦囊妙计

　　《三国演义》里多次提到"锦囊妙计"，不仅足智多谋的诸葛亮在用，曹操和司马懿也在用，而且都是一用就胜。其实，"锦囊妙计"并不是三国时期才有，早在春秋战国时就有人用了。它相当于今天的事件预案，事先做好策划，放在文件夹里备用，一旦事件发生，就打开文件夹，依照策划的来实施。这个文件夹，就是锦囊。锦是一种名贵的织品，囊是口袋，用锦做成囊，是为了显示其珍贵。

　　赤壁大战之后，孙刘联盟在共同战胜了曹操后，却又暗生分裂，因为刘备在此战中乘机占领了荆州，美其名曰"借"，其实是"刘备借荆州，有借无还"。这件事，成了孙权心中难解的痛，因为他认为荆州本应是东吴所有的。周瑜想用"美人计"取回荆州。诸葛亮识破了周瑜的计，决定将计就计。他派赵云随刘备同行，但事先做了三个紧急预案交给赵云，告诉他按不同的时间段拆开，按计实施。这三个预案被放在三个锦囊里，这就是众所周知的"锦囊妙计"。

赵云到了南徐，依次打开三个"锦囊妙计"，按计而行。果然不出诸葛亮所料，既让刘备娶到了孙尚香，又让刘备成功地逃脱了周瑜的暗杀和追捕，安然回到荆州。在后来的历次事件中，诸葛亮又多次施用"锦囊妙计"，或给赵云，或给关羽，或给姜维，或给关兴、张苞，都获得了成功。

要把"锦囊妙计"做成一道"三国菜"，重要的就是取"囊"这一元素。古代有布囊、革囊、锦囊，把文件装在锦囊里，一是贵重，二是保密。其实，"锦囊"并不重要，重要的是"计"，只要"计"好，放在哪里都能实施，哪怕是放在草囊、布囊里。但是，要做成菜，着眼点就非"囊"不可，因为"计"并不能做成菜。

"锦囊妙计"　碧榆园　王耀伟　戴爱军制作

在食材中，具备"囊"元素的较多，只要能够装东西，就可算是"囊"。我首选猪肚做囊，一则因为猪肚是美食食材之一，二则因为猪肚的容积大，可装的东西多。可能有人会质疑猪肚的档次不高，可别忘了，从商周时起，天子祭天、祭神时所用的就是牛、羊、猪这三牲，猪能上得了祭坛，就上不了桌面？大厨同意我的设计，选用了"肚包鸡"来做成"锦囊妙计"这道菜。猪肚本来就是极好的炖汤食材，能炖出非常白的汤。囊里包的是"鸡"，"鸡"与"计"谐音，鸡也是极好的炖汤食材，它们合并后煲出来的汤口味非常好。只是这个囊也太大了！如果当初诸葛亮是用这个"肚囊妙鸡"授赵云，恐怕赵云在半路上就把这美食打开吃掉了！

鸡汤是中国菜肴之王，它能够调百味。之所以这么说，是因为中国无论何种菜，只要加了鸡汤，其味就极鲜美，是一种高级味精，无论哪位大厨做菜都要用鸡汤。我听著名的扬州评话大师王筱堂说过一个故事：有一位扬州盐商家里有大事，请厨师来家里做私厨。他有意要考验厨师的手艺，说定什么都不能带入他的家，一切原料都由他家来提供。厨师答应了，只带了一块抹布来。厨师忙了一天，做出来的菜百味杂陈，水陆罗列，盐商和客人都十分满意，认为这桌菜做得鲜美极了。盐商要给赏钱，问厨师用了什么秘诀来烧的？厨师扬了扬手中的抹布说，这布浸满了鸡汤，每道菜里挤一点，当然透鲜啦！可见，中国的菜里最不能离开的就是鸡汤。

但炖鸡汤用什么样的鸡有许多讲究，有人认为小鸡滋补，有人则认为老母鸡滋补。家母就对用老母鸡炖汤大为不屑，说："'老太婆'有啥子营养嘛，一辈子都耗干了！"她喜欢用小鸡来炖汤。但一般人还是认为老母鸡有油，富含氨基酸，味道醇香。有人会在鸡汤里加入许多食材，觉得这样的鸡汤更好喝。有人加香菇、笋片、火腿、枸杞；还有人加许多药材，说是滋补。我外婆是四川人，喜欢在鸡汤里加入党参、天麻，或黄芪来炖，炖得满屋子药味。我个人觉得难喝极了，再喜欢喝鸡汤，我也不要喝那种中药鸡汤，宁肯喝什么东西都不加的清鸡汤，那样的味道纯正。我在广东一朋友家中喝过一次平生中最好喝的鸡汤。鸡被放在一只煲里，加了火腿丁、鲜贝和香菇丁，用小炭火慢慢炖了半天才好。吃饭时，每人只有一小盅。我一端到手里，就觉得特别香，捧在手里舍不得喝下去，凑近了盅边先好好地闻了闻。等我喝完了，再望锅里，一滴也没有了。

　　我在山东，也喝过令我难忘的鸡汤。有次朋友吩咐家人到山里去抓几只吃虫子和玉米的草鸡来炖。等到了中午，鸡汤炖好了，我一看，吓了一跳：一只鸡的头、颈、内脏全被扔掉了，只有鸡身段，总共熬了一碗汤，鸡油全都浮在上面，一层油膜，看着就腻。大嫂又在少得可怜的鸡汤里放了两个拳头大小的土豆，把鸡汤几乎全部吸光了，临起锅时，又抓了一大把干红辣椒放进去，一大锅鸡，一点儿也不能吃了。第二天，她家知道我要喝鸡汤，又杀了只鸡炖了整整一大高压锅的汤，成了煮鸡水！

　　我在北方吃饭，无论是在酒店还是在朋友家里，从来没有喝过一次正宗的鸡汤，上来的鸡不是烧的就是烤的，要不就是油炸的，他们说我们不喜欢喝汤。鸡汤和什么都能炖，就是不能和萝卜炖，可我在山西却喝了几次青萝卜炖鸡汤。我跑遍了半个世界，也从未在外国饭店喝到过鸡汤（在华人朋友家中除外），外国饭店卖的鸡，从来没有见过现宰的，即使见到它们在村庄里到处活动，可用来做菜的永远只是从冰箱里取出的冻鸡块，而且只有煎、炸、烤，从来不炖汤；好吃的鸡内脏全部扔掉；要是换成我家，就会加上洋葱丝、辣椒丝，炒成一盘相当美味的鸡杂。偶尔也有号称是鸡汤的汤，可是用奶油炖的，清汤寡水，无异于煮鸡水！要想吃鸡汤，只有回到家里来吃，而且要到乡下去抓草鸡炖来吃。

猪肚也是炖汤的好食材，会炖的，能炖成一锅雪白的汤。江南人喜欢吃肚肺汤，就是把猪的肚和肺一起炖。肺叶蓬松，咬在嘴里口感并不好，但炖出来的汤却是极其鲜美。罗马尼亚人也吃猪肚，也用来炖汤。一次，我的翻译欢天喜地地说："今晚省长请我们喝肚皮汤！"我大为惊诧地问："什么肚皮？"肚皮就是皮肤，猪肚皮就是猪皮，牛肚皮就是牛皮，那是用来做皮夹克、皮鞋的，怎么能吃？等到端上来一看，只是一碗猪肚炖的汤，不同的是里面放了一勺奶酪渣，就是外国味了。翻译生吞活剥，望文生义，不懂中国人的肚（dǔ）和肚（dù）的区别，肚（dǔ）子就是胃，而肚（dù）子则是皮肤。

用猪肚和鸡来炖汤，当然是极品。只是这份"锦囊妙计"未免太大，吃前要请服务员来拆散，分成若干份才能尽欢。

当然，这个"锦囊妙计"的菜还可以有第二种的做法，即用面筋泡里塞肉来做。面筋泡是南方人经常吃的一种素食，是把面粉洗出的面筋用素油炸透，便形成了一个圆形而脆的泡，在里面塞进猪肉糜，再煮熟，荤素相夹，非常可口。面筋泡以无锡所产所烧的最佳。这也是一种"锦囊妙计"，因为色黄，可以叫"金囊妙计"。

第三种可以选用千张包。千张就是百叶，是经过压榨后的豆腐。从百叶到千张，数量翻了十倍，可它的性质还是豆腐。把千张摊开，在里面包上肉糜，再卷起来，放在肉汤内煮熟。可以根据喜好来加入青菜之类做成红烧，也可以煮成白汤，或是做成小吃。杭州人多喜欢吃千张包。而上海人则把一个千张包和一只油面筋塞肉放在一起煮，一碗两只，称之为"双档"，也是一种美食。从"囊"的角度来看，这也算是"锦囊妙计"。

第四种还可以用马蹄粉来包馅。马蹄是一种水生植物，它的学名叫荸荠，磨成的粉呈半透明状，既爽口又有甜味，非常细腻，既可观又可食，广东点心中的虾饺就是用它做的。这也是一种"囊"，里面包着东西，所以可以选用做虾饺的方法，把马蹄粉摊成面皮，包上虾仁等鲜美的食材，也算是"锦囊妙计"的一种。

最后还有一种，那就是苏北人喜欢食用的蒲包肉。苏北里下河地区盛产一种蒲草，其茎在尚嫩时可以炒菜，叫蒲儿菜。等叶老了之后则用来编蒲包。过去蒲包的用途很广，作为一种包裹用。苏北人也用它来做食品，如蒲包豆腐干、蒲包肉。蒲包肉一般被扎得很紧，解开蒲包取出肉来，将肉切成薄片，吃到嘴里既筋道又香，用来佐酒下饭，别有一番风味。这也可算是一种"囊"，但它只是草囊，而非锦囊，不用也罢了！

吴国太佛寺看新郎

甘露寺

《三国演义》是一部以武戏为主的小说，里面最多的是男人与男人之间的政治和打仗，文戏少，女人的戏更少。涉及此类的，也就是吕布与貂蝉，二乔，以及刘备和孙尚香结亲的故事了。二乔基本没戏，吕、貂之间缺少感情描写，而且太短。只有孙刘结亲的故事着墨最多，所以被后人大肆宣扬，单独挑出来编成《甘露寺》的戏文，到处传唱，以至外国人也都想来看看这个"一个皇帝与一个将军的妹妹结婚的地方"。

如果按照史实来讲，《三国志》上确是有孙权"进妹固好"的记载，刘备也确实来过京口与孙权相见，但甘露寺刘备招亲的故事就纯属小说家的虚构。东汉末年，北固山上根本没有一座甘露寺，只能把这个故事看成是人们的一种善意想象。甘露寺吴国太相亲的故事是整部小说中最具感情色彩，也是最为着墨的地方。

甘露寺位于镇江市的北固山上，据说是因在甘露年间建造而得名。甘露是东吴末帝孙皓的年号，距孙刘结亲差了五十六年，北固山上最早的寺始建于唐代。不过，如果不去考虑这些史实的话，我们宁可看到孙权和刘备结成同盟，共同抗击曹操的八十三万大军，因为与后者相比，他们都是弱者。

孙刘结亲本是周瑜定下的一个计，想就此引诱刘备来，把他软禁，逼他交回荆州。岂知诸葛亮识破了此计，于是决定假戏真唱，逼得吴国太当真把自己最钟爱的小女儿嫁给了刘备，这里最着彩的部分就是甘露寺相亲。有人把甘露寺相亲和刘备结婚混为一谈，说吴国太看中刘备之后，心中欢喜，就把刘备和孙尚香的洞房设在甘露寺里。试想，别说孙刘之间的婚事绝不可能这般马虎草率，一见面立刻就结婚，即使可能，也不可能把婚礼放在和尚庙里举行。《三国演义》里也写了，吴国太是借甘露寺来相亲的，刘备和孙尚香的婚礼是在孙权府中的书

"甘露寺"　毕士荣江鲜馆　魏静制作

院里。吴国太只是在甘露寺的方丈室里摆宴来招待刘备，所谓"共宴于方丈之中"。之所以把男女婚姻之事放在佛寺里举行，是因为史书上说吴国太是位非常虔诚的佛教徒。孙权孝顺，为她在多处都建了佛寺和佛塔，吴国太想必是甘露寺的大施主。

刘备与孙尚香成亲的故事被后人演绎成了《龙凤呈祥》的戏文，这个故事的口彩好，有多家酒店就这个故事设计过菜式，无非是红烧蛇肉与鸡肉或炒鸡片与蛇段之类的做法。

就菜式来说，这个故事中有几个元素可以借鉴：一是保留"龙""凤"，但不是在食材上，而是在菜所摆的造型上。二是刘备字玄德，玄即是黑色。他是皇叔，属于龙族。三是孙尚香名字中的"香"字。四是因为在甘露寺相亲，要素宴，不能是荤宴。根据这四个元素，我设计出了一款菜，把"甘露寺"和"龙凤呈祥"都包纳进去了。

孙尚香既名为"香"，那就要在"香"字上做文章。带有香味的食材很多，但大多是作为调料而用的。又受素菜的限制，能用的只有香菇、香蕈、香菜等原料了。取香蕈为主料，洗净煮熟后，纵切成片，这种片呈半圆形，像是一片一片的龙鳞，用它在大盘的半边摆出一条龙的造型——这条龙是黑色的，就应了"玄""龙"二字。可以在龙头或当中穿插一些其他颜色的食材进去，作为装饰。大盘的另一半，则选用莴苣切成片，摆成一只凤。莴苣又叫香莴苣，颜色碧绿，味道香，吃着也脆嫩，还应了"香"的口彩。因其形长似笋，南方又把莴苣叫成莴笋，"笋"是"孙"的谐音，应了"孙""香"和"凤"三字。

刘皇叔洞房续佳偶

"凤"的身上也可以用胡萝卜等摆出装饰图案。在盘子的周围，可以插上一些用糖做的刀、枪、棍棒之类，因为故事里的孙尚香武艺高强，即使在洞房里也摆放着武器。在"龙""凤"当中，可摆上一个龙凤戏珠的"珠"球。这个球的食材，可以用十香菜来摆。

十香菜是江南一带吃的咸菜。这咸菜不同于北方的腌萝卜或腌疙瘩头，而是以咸的雪里蕻为主菜炒制成，味道十分鲜美。每年春节前，江南家家都要炒十香菜，作为春节吃的佐菜。所谓十香，虽云十种，却是并无定规，一般是取腌雪里蕻、豆芽、豆腐干、百叶、金针菜、木耳、香菇、花生米、咸煮黄豆，有的还加入水芹菜或是绿豆饼，菜的品种和数量视家中的经济能力高低来增减，多一样少一样都不要紧。把这些菜先一一用油煸炒，然后再合并在一起炒，略加酱油和白糖调味，关火后淋上麻油，放入一只大瓷坛中储存，佐稀饭吃最佳，也可以当主菜。春节时家中来往的客人多，主人还要串门拜年，无暇做饭，是不举火的，其他的荤菜并不宜冷吃，就炒一点滋味鲜美的十香菜来备用，随吃随取。

　　十香菜之所以要十样菜，是受了佛教"十方"概念的影响。因为佛教的宇宙观与中国传统的五方或四面八方不同，而是说天地有上、下、东、西、南、北、东南、西南、东北、西北这十方，是一种立体的概念，所以说和尚是"吃十方的"，寺庙也有"本山丛林"和"十方丛林"的区别。和尚靠化缘为生，所得皆由信徒布施，此菜寓意一方取一菜，其实是各家施舍所得，然后并为一菜。十香菜一般一年做一次，是就腊八粥吃的，应了佛教的佛诞节。按中国的阴历计算，释迦牟尼是腊月初八所生，这一天叫佛诞节。他是佛祖，要由八方信徒来布施，所得即为八种粮食，煮为一粥。十香菜因为是咸菜，不易坏，可以从腊月初八一直吃到春节。这并不是平常家中搭稀饭的小菜，而是较为隆重的节日之菜，所以这些菜的原料要被切得细细的，搭配在一起，既爽口好吃，又好看，所以叫十香菜。用这个做成龙凤之间的那颗珠，也应了"香"的口彩，它和香蕈、香莴苣一起，并成了诸"香"的口彩。

　　吴国太在甘露寺里相女婿，在甘露寺里摆宴款待女婿，她是虔诚的佛教信徒，总不能坏了佛门的规矩，庙里的和尚也不可能烧得出荤菜来的。所以，选素菜来做这道"甘露寺"最恰当不过。如果有厨师在盘中刻出一座甘露寺的瓜果雕来，那就更贴切了！

三气周瑜

　　河豚有剧毒，一般人对它闻名而生畏，唯恐避之不及，哪还敢吃它。可是河豚其味之美，非一般人可以想象，因而诱得人们即使冒死，也要一饱其口腹之欲。所以民间一向有"拼死吃河豚"之说，以生命为代价，也要一尝其鲜，足见在饕客们的心目中，生命还是轻于美食的。

　　河豚是一种洄游型的鱼类，它生活在海中。我曾在多地的海滨见到被捕上来的河豚，生活在海中的河豚，还是叫河豚，以区别于海豚。据说历史上曾有人把河豚的皮剥下来做成头盔，足见其厚其坚其韧！河豚每年春天要从海里进入淡水河里繁殖产卵，长江下游一带就是它的习惯产卵区。苏东坡所说的"蒌蒿遍地芦芽短，正是河豚欲上时"的"时"，就是清明前后，这时河豚的性腺成熟了，身上的毒性最大。民俗说，一过清明，河豚就吃不得，因为它就开始发情产卵了，性腺发育，毒素最大，所以都要赶在清明前吃，俗称"吃孕妇"，其说也够残忍。现在的河豚绝大多数都是人工养殖的，身上的毒素已经微乎其微了，无论是清明前后都可以吃了。

河豚的身体肥而短，在水中很难游得快，只能靠左右摆动尾巴来前进，动作很滑稽，因此，它的进食和御敌方法就只能是保护性的了。河豚的嘴不大，嘴里的牙齿却是连在一起的，好像《三国演义》里的马超，是"整骨排牙"。这坚固的牙齿是它进食的工具，可以把它喜食的蟹、藤壶、蛤蜊和牡蛎轻易咬碎。河豚的背部长有细密的刺，这可以使它在受肉食鱼类进攻时有所抵御，至少使它们难以下咽。而且河豚还有另一绝技，遇到追击，它就会满身充气，整个身体膨胀起来，鼓成一个球状，使敌人无法吞下它，也可以浮上水面，趁机逃脱。这使它有了一个绰号——"气泡鱼"。我见过海边的孩子把晒干了的河豚当成皮球来踢，圆圆的，鼓鼓的，一踢老高，弹性很好。

"三气周瑜"　扬中白玉兰大酒店　孔庆璞制作

孔明一气周公瑾

河豚有毒，并不是说它就不能吃，而是某些部位不能吃。河豚的肉无刺无毒，洁白如脂，嫩滑细腻，极度鲜美，令众多饕客们大为迷恋。民间一向有"河豚血麻籽胀"的说法，但河豚的有毒之处还不仅于此，它的皮、眼、卵巢、肝、血液、肾和腮都有剧毒，特别是卵巢和肝最毒。这种毒素不可小觑，它的毒性竟然是氰化钠的一千二百五十倍！不到半毫克就足以致人死命！长江下游地区，每年春天都有吃河豚中毒而死的人，说河豚是"美味杀手"，一点也不为过。

即使这样，人们也挡不住美食的诱惑，他们无视吃了河豚后死人的事实，依然照吃不误，"值得东坡甘一死，大家拼命吃河豚"。其实，也没必要谈河豚就色变，吃河豚时只要方法得当，关键是做法得当，把河豚拾掇得干净，洗得干净，就不会有问题。有经验的厨师会在洗河豚时，用倒计数的方法，先割去鱼鳍、切掉鱼嘴，把河豚的眼睛、鳃、卵巢、肾、内脏、肝一一取出，放在一边，再扒掉鱼皮，放在一边，用清水洗净鱼中的血水，仔细察看，一点血丝也不能留。然后把放在一边的眼、卵巢、肾、肝和皮等物一一点数，不能少了一样。如果少了，就有可能混入鱼中，引起中毒事件。这一过程无异于是消毒的过程，必须万分仔细，马虎不得，万一留点有毒的部位在鱼里就会遗憾终生。所以有经验的厨师说，要想不去“拼死吃河豚”，就要“拼洗吃河豚”，这一洗鱼的过程，要有三十多道工序。

把洗净的河豚，放在油锅内炸透，用高温滚油去其毒素，然后烹煮至透熟，烧得它肉烂，才可食用。由于河豚有剧毒，不是一般厨师可以烹调的。旧时人们吃河豚也不是家家都能烧的，而是只有几位具有丰富经验的厨师才行，因此那时因吃了河豚而死亡的事每年都有发生。经常有传说，某人在江边捡到两条河豚，带回家后自己煮煮就吃了，结果全家中毒身亡，造成了悲剧。但也有故事说，某人家中极穷，无法生活，就想寻死，了此一生，他到江边去拾了几条河豚回来，把家里仅有的家具都劈了烧，来煮食河豚，结果老两口太累，倒在地铺上睡着了，河豚被煮得烂熟，吃了后反而什么问题没有，捡回了两

孔明三气周公瑾

条性命，却已是家徒四壁，别无长物，后悔不已。足见烹煮的时间长，就能把河豚里的毒素去掉。由于河豚有剧毒，一般饭店里是吃不到河豚的，有关部门实行持证上岗的办法，烹饪河豚的厨师要经过考试，才能拿到证。饭店里出售河豚，也需要有持有合格证的厨师才能营业。

食用河豚的地区，多在长江下游一带，仪征、江阴、海安、江都和扬中都有，中毒的事每年也都在这一带发生。但既然河豚吃得多了，除毒的方法多，解毒的方法也多了。旧时民间吃河豚时要煎一锅芦根水放在旁边，如有人吃了中毒，用这水服下去，就能解毒。也有人说，如果有人吃河豚中毒，急切之间找不到药，可以取大粪来灌，人被灌了大粪之后，会立刻呕吐，吃进去的毒素也随之呕出。因此，产河豚的地区往往都有一个不成文的规定：饭店里烧好河豚后，放在柜台里，是不向客人介绍和兜售的，客人见了想吃，就用手指指，才卖给他。自己家里烧河豚吃，也不会请人来吃，你想吃，自己就来，吃前在桌上放点钱，表示是自己想吃的，如果吃了有事，自己负责。还有一个不成文的规矩，河豚烧好后，厨师端上来，必须自己先搛一筷子吃。这其实是个"试毒"的过程，大家望着他，心中极度紧张，极度恐惧，等到一刻钟之后，看他没事了，大家才吃。这个过程未免过于残忍，过于不人道，太煎熬人心了！有一次，大家围坐在一盘河豚前，看着主人吃河豚试毒的表演，正在这时，突然有一人从坐的板凳上倒了下去，大家大惊失色，以为有人中毒了。岂知只是那人不小心跌倒了，虚惊一场，也可觑见食客们吃河豚时的紧张状态。

烧河豚有多种做法，有红烧，有白汁。现在有人研究出了生切河豚，连河豚的卵巢和肝、皮都能吃，一切都可保无虞了。但我以为，最好吃的，还是搭配着鱼烧的蔬菜。那些蔬菜，根据各地的习惯各异，扬中喜欢用秧草来佐烧。秧草就是苜蓿，是当年随着张骞从西域带回的汗血马一起带回来的，是北方人用来喂马的饲料草。此物味道极为鲜美，初春时节正是它刚冒芽的时候，被用来配烧河豚，菜被鲜美的鱼汁浸透，清香爽口，比河豚本身还要好吃。扬中产竹，初春时竹笋刚出，取楠竹笋切成薄薄的细片，也是极其美味。还有用蒌蒿来烧的，也非常不错。现在的河豚是养殖的，能错季节吃。如果在初夏时，苜蓿已老而开花，不能食用了，竹笋也没有了，这时篱间的扁豆刚熟，颜色未紫，也可摘取嫩者配烧，其味极佳。

现在吃河豚时，鱼皮是和鱼肉分开的，鱼的内脏也是要分开的。一般是最下层垫秧草，草上放整条的鱼肉，肉上摆放鱼皮。由于河豚鱼皮有刺，所以要反过来，把刺纳在里面，而把内部的光皮朝上。上面再放卵巢和肝。先吃卵巢和肝，极其肥腴细嫩，有如乳糜，入口便化。然后吃鱼皮。吃鱼皮时有讲究，由于皮的反面有刺，不能细嚼慢咽，只能马马虎虎嚼几下，就粗粗地吞咽下肚。有人不会吃这鱼皮，竟然会刺了喉咙。鱼皮肥腻，富含胶原蛋白，呈半透明状，有营养，但较为难吞。接下去吃鱼肉就没有困难了，因为河豚肉里是无刺的，何况久经烹煮之后，肉和骨已经分离，用筷子一揿就脱离了。吃到最后，盘中剩下的汤汁不要倒掉，最好的方法是要一碗上好的白米饭来，将汤汁倒入，拌饭吃，最为可口，远胜鲍汁捞饭。如果鱼肉还没吃完，也可让厨师取下去，拆骨后加水下面条，鲜美无比。以前经济不富裕，一般一桌只上两条河豚，大家共食。现在经济发达了，河豚的养殖条件也好了，就一人上一条，放在特制的鱼盘里，端上来，看看谁的胆量大，谁最会吃。第一次吃河豚的人，未免会胆战心惊，不敢下箸，无异于一场心理战。也有人看了半天，鼓足勇气下筷终不敢吃的，被大家当作"笑话"来说。

不独中国人，日本人也非常喜欢吃河豚。但是，日本人的吃法与我们有异，他们不吃红烧的，也不吃白汁的，而是吃生鱼或者是涮火锅。日本人把洗净的河豚用利刀切成极薄的片，如菊花般摆放在盘里，就叫"菊花盛"，然后生蘸酱油和芥末吃，别是一番风味，中国产的河豚就是被日本人吃贵了的。一次，我请日本客人在中国吃河豚，他们盯着红烧的河豚望了半天，不敢下箸，最后只是浅尝辄止。

正因为河豚是鱼，"鱼"与"瑜"是谐音；河豚有气，一碰就膨胀，所以我取来作为"三国宴"里的"三气周瑜"菜式。

赤壁大战之后，形势就发生了逆转，往昔孙刘联盟共抗曹操的良好局面已渐渐变成抢夺地盘的明争暗斗，关键所在地是荆州。周瑜前往油江口刘营中试探，怕刘备乘乱取南郡。诸葛亮设计，定下了"如若周瑜取不下南郡，则刘备自取"的调子。周瑜雄心勃勃，派兵与镇守南郡的曹仁几番苦战，甚至在自己的臂上被射了一支毒箭后，还带伤出战。正当他把曹仁战败后，却冷不防被赵云乘虚取了南郡城。诸葛亮又派人用曹仁的兵符，派张飞去袭了荆州，教关羽去取了襄阳，一时江汉的三处要地，全部轻松地归了刘备。周瑜气得大叫一声，金疮迸裂，昏倒在地。这是诸葛亮一气周瑜。

从失了荆州始，周瑜一直气郁胸中，一心要夺回。便使出了"美人计"，想把刘备骗到南徐来软禁，逼他交还荆州。岂知诸葛亮料事如神，让赵云护送刘备到南徐迎亲，临走前交给赵云三个锦囊妙计，关照他一一执行。结果赵云依计而行，刘备成功地娶了孙尚香，并巧妙地逃出南徐，往荆州而去。周瑜不甘，连派了几拨人马前去追杀，都被孙尚香骂回。周瑜自带水军，亲自追赶，只见快要追上时，关羽、黄忠和魏延一齐杀出，吴兵大败，周瑜急逃。只听得岸上军士纵声大叫："周郎妙计安天下，赔了夫人又折兵！"周瑜气得当场金疮迸裂，倒在船上。这就是诸葛亮二气周瑜。

刘备以"借"的名义占据了荆州，一直是周瑜的心头之恨。

他几次派鲁肃去要荆州，诸葛亮让刘备推说若是取得西川，便还荆州。周瑜便说愿意自己去取了西川，送给刘备做孙尚香的嫁妆。他施出个"假途伐虢"之计，假意说是起兵伐西川，实际上是想在路过荆州时，趁刘备出来劳军，一举而夺得荆州。岂知诸葛亮料事如神，在周瑜猛力苦战的时候，紧闭城门。张飞、关羽、黄忠和魏延各领一军兵马，杀将过来。周瑜知道这些虎将们的厉害，不敢相敌，从马上大叫一声，箭疮复裂，坠在地上。不久后，周瑜因病而亡，临死前还叹息："既生瑜，何生亮！"

小说中把周瑜写成是个气量狭小、专会妒忌诸葛亮的小人，其实正史上的周瑜却是个文武双全的英雄，他风流倜傥，善文会琴，三十四岁就做了东吴的大都督，统领着八十一州军马，与强大的曹操相抗，辅佐孙权奠定了东南的江山，雄踞一方。

我创意的"三气周瑜"，就是根据《三国演义》中的故事来做的。先选用三条河豚，烧熟后放在一只盘子上端上，既然有"鱼"也有"气"，对此故事，只能是意会心谋了。

走为上

　　"走为上"是兵家"三十六计"中的一计,这个计在"三十六计"中的排列往往被误解,有人见到那个"上"字,就以为是"三十六计"的第一计,是上上策,说这是"三十六计,走为上计"。其实错了！"走为上"被归为"败战计"中的最后一计,也是"三十六计"中的最后一计,是下下之策。"走为上"的真正意思是"撤退最好"。因为这种"走"能够保存军队的实力而不损伤,主动地撤退,而不是兵败而逃。两军作战,并不能保证每战都能赢,有时相持已久,不如退兵。有时胜负难分,也要退走。有时要做战略上的转移,也要撤兵退走。这些都可以归为"走为上"。

　　无论"走为上"是包含着撤退还是逃跑的意思,都需要走。在北方的民间话语中,"走"就是"撒开脚丫子",后被错说成了"撒丫子"。既是"走",就要甩开了双脚跑。因此,我在设计此道菜时,选用了各种动物的脚、蹄或掌来做。

　　中国人喜欢吃动物的脚。在外国,从来不吃鸡的脚爪,都是被丢弃不要的。外国人到了香港，见到国人夹着鸡爪啃得津津有味，还称之为"凤爪"，不禁诧异，他们不理解这种只剩下骨头、筋和皮的肢体有什么味道？真正是食之无味，弃之可惜。但是，凤爪是中国人眼中的最佳美味，有人不喜欢吃鸡肉，却捧着鸡爪来配酒，他们就喜欢这种爪上全无肉的感觉，啃筋嚼皮咀骨，真正是嗜爪之癖。我到过几十个国家，除了在华人的餐馆里，还从来没有吃过外国人做的动物脚爪。他们不屑。

还有鹅掌和鸭蹼也是国人最喜欢的下酒小菜，而且还不只是小菜，甚至是宴席上的大菜，糟鹅掌和鸭蹼是最珍贵的佳馔，连慈禧老佛爷也喜欢吃。国人就是喜欢吃鹅掌、鸭蹼上的那点非骨非肉的部位，喜欢它们的弹性和筋道。

猪蹄也是国人喜欢的下酒菜，这也是外国人所弃之物。外

"走为上"　碧榆园　张鸣　陈祥制作

国菜中的牛羊肉远比猪肉多，只有德国、西班牙等国才喜欢吃猪肉。德国人喜欢吃猪腿，在国人的眼中，那属于蹄髈，至于猪的脚爪，那是不吃的。但是，国人既喜欢蹄髈，更喜欢猪爪，猪爪并无多少肉，但在酒客的眼中，仍是胜于他物的美味。老饕们说，光吃肉太俗，光啃骨头又没意思，就是要吃那些介于肉和骨头之间的筋皮之类的东西，啃起来才有劲！

鸡爪、鹅掌、鸭蹼和猪蹄，这些都是动物们的脚，也是它们行走时的部位。既要做"走为上"的菜，这些都是适合的食材。

以上诸爪，在国人的菜谱中，一般都不是吃新鲜的，而是要做成卤菜，作为凉菜来吃。也正因为它们是卤菜，所以极受酒客们的钟爱。

凤爪是诸爪中最受宠的，它的做法也有多种。在广州的早茶铺里，随时都能点到凤爪，被放在一只小蒸笼里，任人点。其他城市的街头，也有专卖凤爪的摊子，红卤白卤的都有，论只卖，极受青睐，每晚出摊不久就会告罄，迟一点来就买不到了。现在凤爪也堂而皇之地上了酒席，有的是被做成卤菜，作为凉菜上；也有糟凤爪，被放在一只小小的缸里，是作为一道主菜上的。还有的凤爪被剔去了掌骨，只剩下了外皮，呈半透明状，或被单独烧成一道菜，或被烩在"全家福"里，都很受欢迎。

鹅掌、鸭蹼也同鸭舌一样普及了，有白烩鹅掌，拆了骨的掌加上鱼肚、笋片和香菇一起烩，也是一道珍贵的菜。鹅掌还可以用铁板来烤着吃，也别有一番风味。糟鹅掌是《红楼梦》里的一道名菜，现在都可以随时吃到了。镇江有一种特色卤菜叫盐水鹅，是把活鹅杀后，略腌，就加老卤煮烂，当天就放在摊档上卖，这种盐水鹅不同于南京的板鸭与桂花鸭，它的肉没有风干的板鸭或风鹅那样老，是极其肥嫩的，味道也清淡，适合下酒。这种盐水鹅的某些部位如鹅头、鹅颈、鹅肠、鹅翅膀或鹅掌，都可以单独卖，但它们的价钱要比鹅肉贵得多。往往是鹅掌与鹅翅一起卖。在当地，它们也常作为一道凉卤菜来端上桌。

当然，猪爪也大有市场。作为主菜，猪爪可以红烧，也可以白煨。有的地方为了增加其鲜度，在白煨的猪爪中加点黄豆，也很好吃。但四川人拿这道菜为产妇催奶，用黄豆来煨猪爪给产妇吃，说是可以下奶。把猪爪腌了之后，煮熟，咸津津、亮晶晶的，即是"水晶猪爪"，也是一道极佳的下酒菜，也常被端上酒席来。

做"走为上"，这些菜中的任何一种都足够了。可以把分别烹熟后的凤爪、鹅掌、鸭蹼和猪爪拼成一个大拼盘；这样，"走为上"的分量就更足了。

空城计

　　"空城计"是《三国演义》中的一个故事，它是诸葛亮在实战中的代表作，也是中国军事史上以少胜多、以无胜有的著名战例。

　　"空城计"并不是诸葛亮的首创，在他之前就有人用过。在中国著名的"三十六计"中，它被归为"败战计"，也就是说，这个计策是在敌众我寡的情况下，不得已而用之。要用这个计，是要冒很大风险的，也并不是什么人都可以用，且一用就能奏效的。虽然它也是一种"不战而屈人之兵"的战术，但这种"不战"并非是自己手中握有雄厚的兵源，也并不是自己能够掌握战场的主动权，而是在兵少势弱的情形下，迫不得已而做的一次赌博和冒险。万一对方不中计，施计的人就会全盘皆输。

　　在《三国演义》中，诸葛亮派出参军马谡去守战略要地街亭，但马谡自以为是，不听他的指导，也不听副将王平的劝谏，坚持要把兵力驻守在四处孤立的山上，结果被司马懿断了水源，攻破营寨，失了街亭。司马懿乘胜率十五万大军，向驻守斜谷的蜀军逼近。诸葛亮得知马谡失败，急忙调出几路兵马去分头抵抗魏军，把守关隘，自己带领着五千兵马去西城县搬运粮草。

岂知战场上的形势瞬息万变，急转直下，司马懿率兵，突然就来到了西城。这时诸葛亮的身边别无大将，只有一班文官，而所领的五千兵马，已分一半去运粮草了，只剩一半人马在城中。大家听到这个消息，都大惊失色。诸葛亮登上城楼远望，果然见到尘土飞扬，旌旗蔽日，魏兵分两路向西城而来。西城只是一个小小的县城，只凭两千五百人马，是无法与司马懿的十五万精兵相对抗的。诸葛亮审时度势，便使出了"空城计"：他命令把城中的旌旗全部隐藏起来，诸军将士全部上城守卫，但不许露出头脸，不许出示武器，也不准高声大语，违令者斩！

诸葛亮命令把西城县的四门大开，每一门只留二十名士兵，

"空城计"　毕士荣江鲜馆　于洋制作

都扮成百姓模样，在门洞前后洒扫街道。如果见到魏军来到，不能擅自动作，仍旧干活。他自己则羽扇纶巾，带两名小童，坐在城楼上面，设案焚香，凭栏操琴。

魏军来到西城的城下，见了这个场景，一个个都十分惊异，不敢造次前进，急报司马懿。司马懿笑而不信，止住三军，自己飞马上前远远察看。果然见到诸葛亮稳坐在城楼之上，悠闲自得、笑容可掬地在焚香操琴，左一童子捧剑，右一童子执拂尘，城下有二十来个百姓在洒扫街道。他看毕心中大疑，立刻吩咐后军做前军，前军做后军，朝北山的道路上退兵。他的次子司马昭问他："莫非是诸葛亮没兵了，才故作此态？您为何就退兵呢？"司马懿说："诸葛亮一生谨慎，从不肯轻易弄险，今天他大开城门，城内必有埋伏。我若是进去，就中了他的计了！你们哪知这里有机关，快退兵！"

诸葛亮看司马懿退兵了，抚掌而大笑。他身边的人说："司马懿是魏国之名将，亲率十五万大军前来，见是空城而不敢进，何也？"诸葛亮说："我若是司马懿，必不会退兵！但我手中只有两千五百人马，若弃城而走，必不能远，被司马懿所擒拿！司马懿知我一生谨慎，不敢出险招，如此情况，必然有计，当然不敢轻易冒进啦！"但诸葛亮也料定，司马懿必定还会再来西城，于是急率军离开西城。他事先已派兵在司马懿所要经过的路上埋伏，果然把司马懿杀退了。

诸葛亮所设的这一"空城计"，其实是他使的一出险招，这一计的关键在"空"，是虚实莫测的"空"，因此"空城计"

这道菜，关键在"空"。

可以做成"空"的食材很多，如空心菜、藕、肠之类的都可以用。无锡有著名的"三空"特产，即大阿福泥人、面筋泡和肉排骨，因为它们的里面都是空的，我选其中之一来做"空城计"菜。

油面筋是江南一带的特产，它的原料是小麦。把小麦磨出的面粉用水反复淘洗后，剩下的部分就是富有弹性和黏性的面筋。这种面筋叫水面筋，可以直接做成菜，如炒面筋、糖醋面筋、卤面筋和面筋烧肉等。但如果把它剪成小块，放在油锅里炸了之后，会形成蓬松的囊，又酥又脆，富有韧性，如同一只金色的皮球，当地人叫它油面筋泡，又叫清水面筋。虽然油面筋江南各地都有产，但以无锡的最出名。无锡的油面筋是用素油炸的，又松又泡又脆，还不会散。面筋泡是很好的素菜食材，既富有油脂，又能吸收菜中的味，富有弹性的口感，无论是荤做还是素做都好吃。把整只油面筋挖一个小口，在里面填入调制好的肉糜，与素菜一起烹饪，吃起来既不油腻，又爽口。上海人把它和包了肉的百叶卷一起煮，一只碗里放一只百叶卷，一只油面筋塞肉，叫"双档"，是上海的特色小吃之一。

江南有一道著名的素菜叫烧油筋，就是把油面筋泡用麻油来烩，加入白果、香菇、木耳和小青菜，芳香扑鼻，清爽可口，是一道口味绝佳的素菜。油面筋泡里面是空的，可以用作"空城计"的主要食材，但作为一道"三国菜"来说，我的设计是把这道烧油筋放在一只瓷盅里，摆在盘子上。在盘子上面再盖一只"大气泡"。大气泡是现在酒店里的新点心，就是利用做麻团的原理，以糯米粉为原料，油炸出一只大球，球体的表层沾满了芝麻，里面却是空的。把这只大气球的下部剖掉一半，罩在那只装了烧油筋的瓷盅上面，这样就形成了"空中有空"的造型，半圆形的气球就类似西城县城楼。在半只气球的上面摆上三个糖做的小人，一个是弹琴的诸葛亮，旁边是两个小童，球下挖一个门洞，下面摆两个扫地的士兵，如在气球上插一些糖做的小旗，就更有意思了。

水淹七军

关云长放水淹七军

刘备以"借"的名义取得荆州之后，令关羽率兵镇守。关羽智勇双全，武艺过人，他北拒曹操，东防孙权，取襄阳，攻樊城，未遇对手，直打得曹仁招架不住，派人向曹操告急。曹操闻之也大惊，指令帐下的大将于禁率兵救援。于禁求一将为助手，庞德出班而求战，愿为前部先锋。曹操素知庞德之勇，心中大喜，命于禁为征南将军，命庞德为征西都先锋，起用强壮骁勇的北方兵，分为七军，南援樊城。

庞德原是西凉兵马超的麾下，武艺高强。马超后来投奔了刘备，庞德的哥哥庞柔也在刘备手下当官。有人觉得用庞德领军恐怕不妥，无异于泼油救火，要曹操换一人去。曹操本来多疑，听了此话，立即下令卸了庞德的先锋印。庞德当面陈说自己的忠心，坚决要求继续前往，请曹操在此次战事中看他的表现。曹操听说，仍然命他为先锋。

为了表示决心，庞德回家后，即令人打造了一口棺材。第二天，他宴请宾客，把棺材摆放在大厅上，告诉大家说，我受魏王的恩德厚遇，誓死相报。明天我出援樊城，就是要与关羽决战。到时若不是我杀了他，就是他杀了我。即使不被他所杀，也必是自杀。因此我先做准备，来表示绝无空回之理。他对自己的五百部下说，这次你们随我去出战，要有效死疆场的准备。若是我杀了关羽，即取他的头装在此棺内；若是他杀了我，则请你们把我的尸体装入此棺内，抬回给魏王看。大家听了，无不为他的忠勇所感动，表示愿随他去效力死战。

庞德和于禁率领七军到了樊城，扶棺来到阵前，挑战关羽。关羽大怒，挥刀上马出城，与庞德大战一百余回合，不分胜负，各自回营。庞德的好刀法连关羽都夸赞不已，认为真正是自己的敌手。第二天，两人再战，庞德假作败退，弯弓搭箭，射中关羽的左臂。关羽负伤回营养伤，任凭庞德挑战，闭营不出。十

"水淹七军"　锦绣皇宫大酒店　许国坤制作

几天后，关羽的臂伤养好，恰遇到天降大雨，山洪暴发。关羽设计，先是堵住上游的堰口，抬高水位，又令人准备船筏雨具。然后乘势决开堰堤，放水冲淹曹军。曹军没有准备，顿时七军乱窜，随波逐浪者，不计其数。关羽率人乘着大船筏子，一路追杀过来，曹兵束手无策，欲逃无路，只得归顺。大将于禁也跪在水中，口称投降。只有庞德还立在堤上力战抵抗，并乘机夺得一条小船，仓皇而逃。不料周仓乘大筏来，撞翻小船，庞德落水被擒，那副棺材也在洪水中漂流得不知去向。

关羽捉住庞德，劝他投降。庞德只是不住大骂，誓不投降。关羽只得把他杀了。这一仗活捉于禁，斩杀庞德，水淹樊城，直杀得曹兵心惊胆寒，关羽从此威震华夏。消息传到许都，曹操也十分震惊，甚至想迁都以避其锋。他叹息道："于禁跟随我三十余年，想不到会临阵投降！庞德如此忠勇不屈，令人钦佩！"

"水淹七军"似难做成菜式，但是经过一番设计，这道菜还是做成了。这个故事里的棺材看似与菜无缘，不好做，但是有一道现成的小吃，那就是"棺材板"。

棺材是一种葬具，在现代人的眼里，它是不祥之物。但是，在传统中国的民间，却认为棺材非常吉利，它既有"官"，又有"财"，口彩很好，很多人甚至从中年起就买好木材打好棺材，摆在家中，有了钱后就一道又一道地髹漆，他们认为这是为来生做准备。以前广西柳州就因造棺材好而出名，所以有"生在苏州，死在柳州"的说法。南方某些地方甚至用金子来打造小棺材，作为礼物送人。

我在台湾逛夜市，吃到一种名为"棺材板"的小吃，店家的档上堆得满满的高高的，全是厚厚的面包片，招牌上却写着大字——"棺材板"，让人惊悚！"棺材板"实际上就是油炸吐司夹菜。把一块厚厚的面包片在油中炸得焦黄，捞起，把炸酥的一面掀开挖空，在里面放入经高汤烹煮并加了酱料的鸡肝、虾仁、鸡肉、豌豆、胡萝卜丁和墨鱼等料，浇上奶酪，趁热吃，又酥又脆又香又鲜。

台湾人和香港人把厚的面包片叫作吐司，这是英语 toast 的音译，广东话则叫多士。严格地说，面包不叫吐司，吐司是面包经过再加工后的产品。把面包切成厚片后，在上面涂一层奶油再去烤的才叫吐司，用油炸过的也叫吐司；薄的面包片，里面夹了火腿片的，那叫三明治。但是，把吐司叫成"棺材板"，在里面夹上许多菜，却是中国人的发明，是一种把西方的面包与中式的菜进行混搭之后的创新食品。

这种点心是在几十年前才被创造出来的。这是一位台南人根据台湾的鸡肝饭而创造的。他觉得它四四方方，外形就像一口棺材，即取此名。"棺材板"出名之后，又经过几番改进，有许多变体的版本：有的把一片吐司挖空装菜，上面盖上另一片，如同双夹的三明治；有的把吐司加厚，变成四四方方的面包，在炸酥焦黄后割开上面一层，作为盖子。把里面挖空，成为一个巨型的匣子，赫然地立在那里，六面焦黄，更像一口棺材！我在香港和广州也吃过几次这种小吃，或叫吐司，或叫多士，或叫"棺材板"，装在里面的食物也是多种多样，从海鲜到炒肉，甚至水果、冰淇淋或巧克力的都有。由于它里面有食物，要一份就够了，既好吃，又当饱，又有趣，从而成为一种大众喜爱的小吃。台湾的夜市里，人们非常喜爱光顾"棺材板"店，刚炸出来的，又热又脆，非常美味。

"水淹七军"这道"三国菜"，就是在"棺材板"上有所创新。

把新鲜的鱼肉剁碎成泥，选七种菌菇剁成碎粒，和入芡粉、鸡汤、鸡蛋及作料，做成鱼菌羹，放入一只船形的大盘中。在盘中央放一只高足盘，盘上放一只"棺材板"。取方形面包油炸至酥，趁焦黄时把当中挖空，做成一只匣子。取生蟹斩成数块，加蒜蓉和调料，急火烹炒，放入面包匣子内，加盖即成。在"棺材板"上插一面用海带做的旗帜，上面刻写"庞"字，因为书中写庞德出征时打的是皂旗。这道小吃里含有七种菌菇，是"七军"的谐音；有鱼，是"于禁"的谐音。棺材是庞德抬着表决心用的器具，里面装的是螃蟹，又是"庞"的谐音。船形盘子，象征着关羽的水淹战术。几种元素俱全。

还有一种做法，就是把羹和"棺材板"分开，干湿两种分装。七菌羹装在小盅里，盘中只放"棺材板"，"棺材板"里放上蟹粉炒鱼丁，谐音"庞"和"于"，喝汤就"棺材板"，主食、副食都有，脆、酥、鲜、香，既好吃又有趣，还吉利，正符合"三国宴"的设计原则。

吕子明白水渡江

白衣渡江

　　白衣渡江是《三国演义》里最具悲情的故事之一，它比走五关斩六将还要惨，因为它没有英雄胜仗，有的只是英雄落难、被人追杀。关羽是中国人心目中的常胜将军，《三国演义》里的白衣渡江是紧接着"刮骨疗毒"一节来的，在英雄故事之后接着就来了英雄末路，看到这一结局有很多人难以接受。但不管怎么说，威风凛凛的关羽就是被一个他所瞧不起的白衣书生派出的人杀了。

　　《三国演义》里写着，当时的形势是，关羽降于禁，杀庞德，威震华夏。这时，东吴的大都督吕蒙与陆逊商量，说关羽一向倚恃英雄，自料无敌，可以趁他把注意力集中在对付北面的曹操时，派一支部队乘虚偷袭荆州。于是吕蒙称病不起，回建邺养病，由陆逊代理，以麻痹关羽。关羽果然中计，对东吴不设防，认为陆逊是个乳臭孺子，不足一战，遂撤出防吴之兵北防曹操。东吴实际上却拜吕蒙为大都督，暗中抽调七员大将，拨兵三万，八十余条船，选会水的士兵身穿白衣，化装成客商，借口避风，前往长江北岸埋伏。趁半夜时分，一声号令，船里的伏兵俱起，偷袭拿下了荆州。这一仗胜得轻而易举，把刘备一直借而不还的荆州夺回，解了孙权一直骨鲠在喉的心头大恨。关羽因为骄纵而失却重地，被民间讥为"大意失荆州"，也埋下了他不久后败走麦城的更大悲剧。

"白衣渡江"这道"三国菜"，就要选取白色的食材来做。首选豆腐或是豆制品。豆腐皮是江南随处可见的食材，选上好的豆腐皮，剔去其发黄部分，切成长条，淋上麻油，再倒一点日本酱油，凉拌。大厨在做这道菜时，嫌其食材简单，又在上面加了两块豆腐，切成长方形，豆腐正中各放了点鱼子酱，一为红色鱼子酱，一为乌鱼子酱，使其颜色鲜艳，也增加了菜的口味。一盘菜，全是白色。豆腐皮在南方叫"腐衣"，这就

"白衣渡江"　毕士荣江鲜馆　李永乐制作

体现了"白衣渡江"的故事，并不仅仅是口彩或谐音了。这道菜做法简单，但有了这样的历史故事和文化内涵，具有了趣味。

有欧洲朋友对我说，中国人的豆腐和欧洲的奶酪都是世界上最伟大的发明。但我以为，就食用之广来说，恐怕豆腐要远超奶酪很多倍。至少西方的菜单上没有红烧奶酪、卤奶酪、麻辣奶酪和奶酪乳这一类的食物。因为他们奶酪的做法无非是冷夹、油煎和烤几种，难以像我们豆腐的做法这样丰富。何况奶酪是不是欧洲人发明的，还是一个疑问。因为至少两千年前的印度人已经开始食用奶酪，中国在有豆腐的同时也已经有奶酪了，或许是中国古代的匈奴人或蒙古人的远遁给欧洲人带去了奶酪的制作方法，也未可知。

和火药一样，豆腐也是中国人在炼丹时的副产品。尽管淮南王刘安被称为"豆腐之祖"，但我怀疑这可能是在他炼丹时胡乱加入矿物的副产品，因为他笃信道教，道教徒们都喜欢研究服食各种东西以求长生，尝试着往食物里加入汞、金、银之类的矿物。我个人猜想会不会是刘安在往豆浆里加入石膏时，豆浆凝结了，偶然发明了豆腐。正如葛洪在炼丹时加入了芒硝，从而产生了火药。但不管怎么说，豆腐就此告别了黄豆的基础形式而成为广受欢迎的食品，在两千年的时间里发展兴旺，品种繁多，还出现了豆浆、豆花、豆腐干、卤汁干、豆腐皮、茶干等多个衍生品种，令人匪夷所思。

安徽淮南至今还被称为豆腐的故乡，此地的豆腐品种最多，做法也各异，甚至连包饺子做包子也用豆腐做馅，淮南还有个豆腐文化节。但无论我怎么喜欢吃豆腐，也难以容忍淮南的一种毛豆腐。当地人故意让豆腐发霉长毛，绿绿的长毛长在白色的豆腐上，令人看之作呕。然而淮南人却视之为美食，百吃不厌。

豆腐在经过千年的演变之后，南北各地的差异极大。我在福建和山东都点过一品海鲜豆腐煲，但同样的名称，厨师端出来的食品却是大相径庭：福建的豆腐是白嫩的豆腐，而山东的豆腐却是用油炸得焦黄的老豆腐，简直像我们江南一带的油炸豆腐干了。北方人吃豆腐喜欢吃老的，一板豆腐，他们专挑边上厚的部分，说是吃了瓷实有劲儿。我不明白，吃豆腐要的就是个软，要有劲儿干吗？江南人则喜欢吃嫩豆腐，喜欢一板豆腐中心的部位，其嫩如水，到了嘴里一抿就化的最好，北方人称它为水豆腐。因此，落下了个"吃豆腐"的俗语，也就是轻易占便宜。南方人把豆子磨成液体状的叫作豆浆；做成的固体物叫豆腐；稍加点卤后而介于液体和固体之间的叫豆腐花或豆腐脑；经过压榨形成的叫豆腐干，豆腐干还分大干子和小干子；压榨轻一点的叫老豆腐；加卤煮过的叫茶干；用油炸过的叫油豆腐干；用盐腌过的豆腐叫豆腐乳；把豆腐使劲压榨至薄纸状的，叫百叶或千张；在熬煮豆腐时，从豆浆上部挑出一层油结成的皮来，那叫豆腐皮，即腐衣，就是我用来做"白衣渡江"的那种。至于别类，还有臭豆腐、霉豆腐和毛豆腐等。根据加入的中介物的不同，还有卤水豆腐、石膏豆腐和内酯豆腐之分。豆腐还有一些衍生物，如把百叶卷起来，夹紧，投入咸卤内煮熟，就成为百叶卷。还有一种是做成素鸡，素鸡不是鸡，而是豆腐卷，因其味如鸡肉而得名。把豆腐皮卷起，放入卤汤中煮，可成素鸭、素鹅。把较嫩的豆腐干用油炸黄后，再投入汤中煮得烂熟，最好是里面有豆芽的肉骨头汤，叫作回炉干。也有把豆腐投入臭卤内成为臭豆腐的，取出或蒸或油炸，居然也是一道美食。

豆腐是中国最为廉价的食品之一，做豆腐是中国最苦的职业之一。做豆腐要半夜就起，又磨又煮，天亮挑到市上去卖，几板赚不了几文钱，所以有"世上三样苦，撑船、打铁、卖豆腐"之说。以前我家隔壁就是豆制品厂，从晚八点开始，通宵都能听到人声鼎沸，至天亮方停，从里面走出来的人，眼睛整年都是红红的。即使这样苦，杨白劳做豆腐赚的钱也只够给喜儿买二尺红头绳，足见其价廉。

有人说，豆腐在唐朝时由鉴真和尚传入日本，也叫豆腐。但也有叫唐腐或唐布的，这恐怕是近音。日本人也喜食豆腐，一碟日本豆腐，上面浇上点儿酱油，凉拌着吃，很爽口。或者是白水煮，或是加入火锅中。日本豆腐远较中国的嫩，只是品种较少，做法也简单。豆腐也被传入亚欧外国，但始终只能在华人或是亚洲人圈子里转，一直未被欧化。

虽然说"豆腐不成宴"，但实际上以豆腐为食材来办一桌宴是绰绰有余的。我个人认为，位于顶尖的几味豆腐菜是：四川的麻婆豆腐，淮安的平桥豆腐，福建的一品海鲜豆腐煲。

家母是四川人，她做的麻婆豆腐堪称一绝。别人家的豆腐越煮越老，以至于豆腐上都煮出了孔洞。她老人家说，豆腐要煮嫩，秘诀就是煮豆腐前要先放盐。她的麻婆豆腐的做法是：

把郫县豆瓣剁碎后，将蒜瓣放入油锅内煸炒，再加入牛肉臊子炒，形成红油后放水，要放盐，煮沸后才能加入豆腐，豆腐在盐水里是越煮越嫩的；而且，豆腐下锅时不要用刀切得整整齐齐的，要整块放进锅里，用锅铲随意切成碎块，这样的豆腐形成多面棱体，利于吸收调料。此道菜吃起来鲜、辣、麻、烫，非常下饭。我甚至鼓励老太太去开个饭店，只卖麻婆豆腐这一样，每天保证能宾客盈门，"一卖三千碗"。

淮安的平桥豆腐，则是用鸡丝、干贝、海参、香菇、肉丁、木耳、金针菜和虾米烧成羹后，把豆腐切成小块放入，吃起来又嫩又鲜。这虽是地方小菜，但其身份已等同于贵族。我还在广东吃过一种酿豆腐，把豆腐用油炸得两面金黄，在里面塞进剁碎的虾仁馅，再入卤煮熟，则又是一番风味。家常吃豆腐则没有那样讲究，北方人喜欢"小葱拌豆腐"，一青二白。南方人喜欢用皮蛋来拌豆腐，别有风味。其实，即使只在豆腐里加点盐、拍个蒜头、淋上几滴麻油来吃，也蛮有滋味的。作为一种大众食品，豆腐的做法多多，正如民谚所说，"青菜豆腐，各有所爱"。我设计的"白衣渡江"这道菜，虽然以豆腐为食材，但吃的并非是豆腐本身，而是历史和文化，那又作别论了。

在《三国演义》中，最早提出"三国鼎立"观点的，是诸葛亮。他早在《隆中对》中，就对前来求教的刘备谈了这一番看法，可谓是先知。当时刘备所辖只有区区数县，势力极弱，诸葛亮居然就提出了如此看法，令人惊讶。他在分析了形势后认为，目前曹操势大，刚灭了袁绍和袁术这两个劲敌，而拥有百万之众，占有中原之地，挟天子以令诸侯，刘备不可以与之争锋的。还有孙权，虎踞江东，已历三世，利尽东南，国险而民附，可以用以为援而不可图也。而刘备虽然势弱，但如果据有荆州，进取益州，则可倚天险以守。倘天下有变，则命一上将得荆州之兵以向宛、洛，自己率兵出秦川，则天下可得。所以说，曹操得占天时，孙权得占地利，而刘备得占人和，"以成鼎足之势，然后可图中原也"。后来政治和军事形势的发展，果然证明了诸葛亮的这一番预言。

"三足鼎立"的意思是说有三股力量互相牵制，如同一只鼎有三只脚在支撑着一样。在中国，鼎是古代的一种青铜器，

"三国鼎立"之一 毕士荣江鲜馆 魏静制作

它的功能是烹饪肉食来祭祀祖先，后来也移用于烹煮食物，作为炊具。鼎的脚称为足，方鼎有四足，圆鼎有三足。魏、蜀、吴三国并立的形势，正像一只鼎的三足，共同撑起了中华的乾坤。

从地理位置来看，魏国处于中原，这里是黄河流域，政治中心是洛阳；蜀国处于四川盆地，这里位于长江和岷江的上游，政治中心是成都；而东吴则位于长江中下游，政治中心是建邺（南京）。考虑到这三个地区的水域关系，我用三种鱼来分别代表魏、蜀、吴三国，把它们共同置放在一只鼎内。

从整体来看，洛阳的黄河大鲤鱼最出名；江苏各种鱼的做法最为丰富；而四川菜中，无论做什么鱼都会放辣椒，这样就奠定了这三个地区鱼的基本口味，有了差异反而能够产生对比。

"三国鼎立"之二　镇江大酒店　贾艺强制作

　　我选用一只大鼎，这只鼎是用偏黑色的紫砂做成的，下面可用酒精灯来烧，外部雕刻有青铜图案。鼎的内部分成三格，每格内放一种鱼，各代表着一国。

　　洛阳附近的黄河里产大鲤鱼，这种鱼的肉质较粗，但颜色发红，好看。取一条一斤多重的黄河大鲤鱼，先放在水中养两三天，滴几滴白酒，让它慢慢吐掉肚中的杂质和土腥味。做时把鱼去鳞剖肚，事先用盐腌两个小时，再洗净，在肚内放入大块生姜、大葱段。鲤鱼肉粗味腥，要多放作料，多放点醋，以去其腥味。放入酱和料酒，将鱼炖烂，起锅时在鱼身上放上茴香、辣椒和切成细丝的大葱，装在鼎内那三分之一格内。要注意的是，河南人的饮食规矩是鱼头朝向的那人是主客，必须对准他。

江南的鱼太多，我选取刀鱼来做。这是"长江三鲜"之一。因此鱼通体细长、银亮如刀而得名，它是一种洄游型的鱼类，每年春初溯长江而上来产卵。它随潮而来，又随汛而去，早晚各一次，进退有序，很难捕捉。镇江江面附近的长江水域所产的刀鱼口味最佳，被称为是"本江刀鱼"，以区别于其他的"湖刀"和"外地刀"。刀鱼的肉极其鲜美滑嫩，入口即化，有如乳糜。但它通体细而密的芒刺却很难分离，令人望美食而生畏。刀鱼需极鲜活，刚捕来时鱼身是硬的，眼睛是透明的，眼圈带红色。只有清蒸才能保持刀鱼的鲜味，加上几片春天的笋片和香菇丝来蒸，是最为清纯的烹饪方法。待刀鱼蒸得烂熟之后，用筷子夹住鱼头，往下一抹，使鱼肉和刺骨分离，从而可免除卡喉之虞。如果蘸了醋吃，则别具一番风味。刀鱼也可以加酱油红烧，鱼形不破，其味也鲜美。由于这是产于镇江的鱼，而镇江是孙权建立的治所，因而被列入"三国宴"中，可以代表东吴。

川菜里也有鱼，只是做法各异。家母的老家乐山产一种江团，巨口无鳞，其实就是长江下游鮰鱼的远房亲属，学名为长吻鮠。它肉质细嫩肥厚，少有骨刺，是鱼中的珍品。当地的做法主要是清蒸江团，但我觉得四川菜式的主要特点并不在蒸上，而是在麻辣和酸辣上，何况刀鱼已采用蒸法了。因此，我设计用酸菜鱼的做法来做江团。把江团分解，头、尾、骨、内脏和身段的肉分离。鱼肉切成厚片，用精盐、料酒、姜汁和芡粉抓匀，为了防止鱼片碎散，可以加入蛋清和匀，腌十多分钟。把鱼头、鱼尾、骨头和内脏用油煸炒熟，加入水，大火煮成鱼汤。

另用锅放入蒜蓉、姜片、泡椒，煸炒后，加入洗净的酸菜，炒熟，投入鱼汤内，煮沸后，投入江团鱼片。起锅时加入炒熟的干红辣椒和花椒，淋上两勺麻油即可。

这样一只鼎内摆放着"三国鼎立"菜的做法对厨师来说是个大挑战，因为实际操作的时候，三种鱼做法各异，而且需要同时入鼎。但这个菜是"三国宴"的主菜之一，所以必须做好。当然也可以根据不同的季节和需要，随时对鼎内的鱼种和烹饪方法做出调整。

"三国鼎立"一菜还有备用菜谱：如果黄河鲤鱼不够大，或者是鱼体不太好看，可以把鱼切成大块来红烧，这是河南瓦块鱼的做法，由于江苏已经有整鱼了，而四川则是鱼片，河南则是鱼块，这样三种鱼的形式可以形成对比，不至于重复。江苏的鱼也可以换，因为刀鱼是要在一定的季节才能有的，它都是在初春时来到长江下流，平时根本不可能见得到。即使那时有，真正的长江刀鱼已极稀少，极度难觅。好在江苏的鱼多，可以换成白汁鲴鱼、清蒸鲥鱼（但也很难找到了）、红烧江鲇、松子鳜鱼、糖醋鲈鱼，甚至河豚都行，这些都是名贵的鱼种，都能代表东吴。至于四川菜，主要是吃调料，反正是做成鱼片，就应时而取，也可以换成黄腊丁、砣砣鱼或是名贵的雅鱼，都是可以的。

在选"鼎"上及配菜器皿上，要选用紫砂鼎，不能用一般的白瓷杯盘，因为三国时青瓷技术刚刚成熟；还有，当时的人也还没有用酒杯来喝酒，而是用爵和壶。所以选购紫砂与黑陶的爵和壶，每人用一爵一壶，为一套。酒是先倒在壶里，再倒在爵里饮。这个壶并不如现在所见的有把有嘴的壶，而是一种竹状物，这是东汉时特定的制品。选用这套器皿，是为了突出三国时特定的历史氛围。

赵子龙老卖年糕

相对于《三国志》来说，《三国演义》是小说，既是小说，就有虚构，就可以不顾历史，这是文学所允许的。书中的一些事实和人物，有的在真事的基础上做了改动，有的改变了人物的经历和性格，这一切都是为了书中情节发展的需要。

但是，还是有人在《三国演义》的基础上做改动和虚构，甚至是做戏谑式的改动，以增添兴趣。比如有一段著名的相声，叫《歪批三国》，是侯宝林大师的名段子，就是根据《三国》中的故事来说事。所说的这些事看似有根据，却都是插科打诨，异想天开；所说看似有理，却又笑料横生，听了令人捧腹。我小时候就非常爱听这段相声，佩服它有非常奇妙的想象力。

我设计的"三国菜"，本非是解释正史，甚至也不是小说的再现，只是从《三国演义》中抽取一点元素，来做成供大家享受的菜肴。当然也可以从侯宝林的《歪批三国》里抽取一点笑料，来做成菜。这些故事，都是荒诞不经的，希望大家不要在意这些故事的真伪，而看中它的独特创意。

赵云是三国中的一员勇将，他本在公孙瓒手下，曾与刘、关、张并肩作战，后来公孙瓒败于袁绍，赵云来投奔刘备，从此成为刘备的一员大将。赵云字子龙，是河北常山人，武艺高强，品德高尚，与关羽和张飞一同成为威震四方的猛将。赵云一生征战，几乎没有打过败仗，在长坂坡一战中，他孤身救阿斗，把婴儿置放在自己的盔甲之中，一手提宝剑，一手执枪，跃马在曹营的千军万马之中，纵横厮杀，进退自如，以至于连曹操看了都心生敬佩，称赞说："赵子龙一身都是胆！"关照左右说，千万不能伤了这个赵子龙。后来赵云受诸葛亮的密计，单身护卫刘备到南徐去招亲，显示了他的智勇双全。平定蜀地之后，赵云又随征孟获，威震汉中，战功卓著。

　　诸葛亮趁司马懿退隐，大起蜀兵三十万，分几路伐魏，所

"赵子龙老卖年糕"　　避风塘大酒店　　鲁庆制作

点的诸将之中，却没有赵云的名字。赵云忍不住挺身求战，他问诸葛亮："我虽然年已七十，但犹有廉颇、马援之勇，自随先帝以来，临阵不退，遇敌则先。大丈夫死于疆场之上，当是幸事，你为何说我老迈年高而不委以重责？我愿为前部先锋。如不同意，我就死在阶下！"诸葛亮看他犹有当日之勇，任命他为前部先锋，率兵而进。在后来的实战中，赵云果然不负众望，首战就斩杀了韩德父子五将，匹马单枪，往来冲突，如入无人之境，显示了他的赫赫威风。

赵云在求战时说的"请丞相不要看我老迈年高"一话，就被侯宝林在相声中说成了"赵子龙老卖年糕"；他利用谐音，甩出了一个大包袱。威风八面的常山赵子龙竟然成了卖糕的小贩，令人捧腹。

相声可以这么说，我的"三国菜"也可以据此而做。这个故事里有两个元素可以利用：一是年糕，一是子龙。

年糕是南方人常吃的食品，是把糯米磨成粉之后做成块状，再蒸熟。年糕细密而瓷实，细菌难以进入，在南方温暖的气候中，可以久放而不坏，便于储存。由于以前多是在春节时吃，所以称年糕。糯米出产在温热的南方，过去每亩产量不高，所以价格贵，平常不易吃到，只能在春节或其他节日时吃。"年糕"二字的口彩好，寓意着"年年高高"。人们都把做年糕视为吉祥之事，要事先刻出糕模来，把揉好的糯米团在里面按出图案，蒸熟后还要在上面打上鲜红的印戳，如同北方的馍。有的地方的年糕是打出来的，就是把糯米粉拌和后，放在臼里用杵来打，使其细腻紧实，口感更好。南方春节时互相赠送的多是年糕，如同北方互送馍。至于同是糯米粉做成的元宵，则等同于北方的饺子，也是要在隆重的时节里才吃的，它和年糕相比，味觉和口感虽胜，但不易长久保存，只能随吃随做。

年糕有多种吃法。平常的年糕因为是要当主食吃，是白而无味的，根据"有味者使之出，无味者使之入"的原则，要在年糕里加入其他的味，才能使之好吃。年糕易于吸收他味，加之紧致而黏糯，既易咬嚼，又筋道，可以与多种味汁相谐调。

有一种年糕叫糖年糕。有的地方在年糕里加入白糖或者红糖。有的地方在年糕里加入一些生的猪油丁，加重糖，撒上桂花，蒸熟后猪油和糖沁入糯米之中，其味极佳。没有加猪油的年糕只叫糖年糕或者桂花年糕。由于现在都提倡少油低糖的食物，所以这类年糕的销路已日见其衰了。也有的在年糕里包入芝麻或红豆沙等馅，也是别样的甜年糕。甜年糕可以蒸来吃，可以切成片煮来吃，也可以放入油锅中煎来吃，用锅炕来吃，南方人甚至放在泡饭中煮，都是可以的。有的地方把年糕煎了之后，还要在年糕上浇上一层红糖浆，使它染上红红的颜色，端上来红彤彤的，看起来喜洋洋的，更能促进食欲。

赵子龙卖得最多的应是白味的年糕。这种年糕是作为主食吃的。但是，年糕也可以做菜，它那绵软的糯米质地使它能够更多地吸收添加物中的味，也更加可口。江南人都喜欢吃年糕，以宁波的年糕为代表，它和宁波的霉干菜一样，几乎是所有菜里都有的，咸菜肉丝炒年糕或白菜肉丝炒年糕是一道家常小菜。

上海有一道菜，叫"排骨炒年糕"，就是让年糕充分吸收排骨的味。还有一种梭子蟹炒年糕，就是把海蟹切成几块，炒熟再加入年糕片，硬的蟹块和软的年糕在一起，年糕吸收了蟹的鲜美，比蟹肉还要好吃。在舟山群岛，我甚至还吃过带鱼烧年糕和鱿鱼炒年糕。

俗语有云："凡动物有一体似龙，可以为龙。"龙本是一种虚妄之物，它是好几种动物的部件拼凑出来的。齐白石画虾时便题作"虾头似龙，可化龙去"。在中国，被当成龙的动物很多：蛇、鳗、鳝、蚯蚓等都可以视为龙。在江南的菜谱中，有一道"子龙脱袍"的菜，就是炒黄鳝丝。此菜原出于湖南，因为在制作的过程中有把黄鳝剖腹、扒皮、去骨的步骤，好似为赵子龙脱盔卸袍，因以名之。但这个菜里还要加入香菇和辣椒等食材，吃时并不纯粹。因此，不带偏见地说，要论炒黄鳝，还是以淮扬菜"炒软兜"最得其中之三昧，因为它的口味最纯粹。"炒软兜"里只有一样食材：黄鳝丝。只加入一些蒜片，吃在嘴里软嫩滑爽，并无他味相伴。苏州也有相似的一道菜叫"响油爆鳝糊"，做法也相似，不同的只是口味偏甜，而且炒熟端上桌后，要同时加一小碗热油，当着食客的面倒在鳝丝上，发出"嗤"一声响，要的就是这个有声有色的效果，才有噱头。

虽然黄鳝在中国南北都有，只要在有较多水的泥滩里，就可能有黄鳝，但吃黄鳝的习俗似乎只在南方，北方以前大多不吃。现在由于物资流通方便，地方菜谱交流频繁，北方人也接受黄鳝了。南方人做黄鳝有多种方法：一种是烧，把黄鳝剖腹后，洗净切段，用多多的大蒜头煸炒后，加酱油红烧，这叫"红烧马鞍桥"。因为鲜活的黄鳝虽然死了，但到了滚烫的油锅里，一经高温，身上的肌肉立刻抽搐，黄鳝段便弯曲了，如同马鞍一般。另一种是把新鲜的黄鳝剖开去骨，切成片，放大蒜片，爆炒，炒熟后的鳝片两腹张开，如同蝴蝶的双翅，这叫"生炒蝴蝶片"。"红烧马鞍桥"带骨，肥嫩软烂，鲜美可口，有的还要加上猪肉来烧，口感更肥腴；而"生炒蝴蝶片"则软中有脆，富有弹性，取法各有不同。

生的黄鳝体上有黏液，一般人嫌它脏，要想法去掉。江南人会把生的黄鳝用开水烫死，然后用小刀把熟黄鳝剖开，去骨，划成丝。再下锅炒，"炒软兜"和"响油爆鳝糊"所用的鳝丝都是如此做法，而不是用生的鳝鱼下锅炒。

还有几种不同的做法：一种是炸脆鳝段，把黄鳝切成段，裹上面粉后油炸，再烹以糖、醋、姜、葱，此道菜外脆内软，酸甜兼有，别有风味。还有一种是把黄鳝油炸了之后，放在水中，大火急煮，煮得雪白，加胡椒和青蒜花喝，其汤似乳。

"赵子龙老卖年糕"这道菜就有多种做法：

一是在黄鳝汤中加入年糕，年糕能够吸收汤汁的鲜味，且不易糊烂，好吃。江南人将传统的黄鳝汤叫作"长鱼汤"，吃时要在汤内泡京江脐子（点心的一种）的，现在换成了年糕，也基本一样。

二是在炸脆鳝段时，趁热加入年糕片，使汤汁与年糕相混合，端上来红红白白，十分好看。

三是在"红烧马鞍桥"中加入年糕。不是在烧的时候加入，那时易烂，而是取出烧好的"马鞍桥"与年糕片相炒，使之味道相融。

　　四是把"炒软兜"和年糕片相炒，味道也是相当不错的。

　　黄鳝味特鲜美，有利于白味的年糕吸收。无论是哪种做法，要注意的是不能让年糕太烂，炒时要少放水，少放卤，大火，几下炒好后就装盘。否则融成了一团，软烂黏糊就没法吃了。

　　这样一道菜，赵子龙有了，年糕也有了，虽然这是侯宝林胡诌的一个故事，但能够把它做成一道"三国菜"，也算是创造了。《歪批三国》是相声，相信大家不会认真对待，而"赵子龙老卖年糕"更是虚妄，更请大家不要去认真对待，只要菜好吃可口就行了。

三国『三母』

《三国演义》里有三位老太太，她们都是大人物的母亲，可你查遍了全书，也不会找到她们的姓名。她们是季老太太、何老太太和吴老太太。

侯宝林在他的相声《歪批三国》里问他的搭档郭全宝："你知道诸葛亮的妈妈姓什么？周瑜的妈妈姓什么？张飞的妈妈又姓什么？"这个问题把郭全宝问得张口结舌。侯大师却从容地说："诸葛亮的妈妈姓何，何氏；周瑜的妈妈姓季，季氏；张飞的妈妈姓吴，吴氏。"郭问他有何根据，他说，周瑜临死前大叫："既生瑜，何生亮！"这不就明明在说，是季老太太生的周瑜，何老太太生的诸葛亮吗？至于张飞妈妈的姓，则有一个成语，叫"无事生非"，侯把它歪说成了"吴氏生飞"，于是，张飞的妈就是吴老太太了。

这个段子令人捧腹，显示了侯宝林过人的想象力。相声本不必正经对待，就是要逗人来笑，哪怕是歪曲了事实也行。但这个段子却可设计出三道"三国菜"来。

我曾吃过一顿豪华的大餐。我被一位苏丹的官员请到一家高尔夫俱乐部去，说是请吃烤骆驼。这是一场排场非常大的宴会，大家都坐在帐篷里。我看着一只小骆驼被宰杀了，然后在它的肚子内塞入一只羊，羊肚里塞入一只鸡，鸡肚里又塞入几条鱼，鱼肚里则又塞入几只鸡蛋，都塞好后架起来，放在柴火上烤，一边烤，一边往骆驼身体上抹各种香料和油。等烤好之后，依次把羊、鸡、鱼和蛋取出，摆在盘子上，再把骆驼的肉切下，众人分食。这是我吃过的最奢华的一顿宴席。

　　这种肚里套物的方法给我留下了深刻的印象，就用这个办法来做这三道"三国菜"。

　　第一道"鸡生鱼"。既然相声里说是"季生瑜"，那么就根据谐音，做成"鸡生鱼"。取一条中等的鲫鱼，剖腹洗净后，

"三国'三母'"之一"鸡生鱼"　毕士荣江鲜馆　魏静制作

在肚内塞入剁好的肉糜。这种鱼肚塞肉，是长江下游地区的一种特色菜，猪肉的油脂能够沁到鱼肉里去，鱼的鲜味也能沁入肉糜之中，两者能够完美地结合。再把这条鱼放到剖空的鸡肚里去，然后是放水清炖，成为鸡汤；也可清蒸，熟后鸡、鱼和肉的味道自然融合，就是一道绝美的菜肴了。这道菜全是用谐音，"鸡"是"季"和"既"的谐音，"鱼"则是"瑜"的谐音，从肚里出来，当然是"生"了。这道菜把侯宝林的《歪批三国》做了形象化的说明。

第二道菜是"荷生亮"。准备一只西瓜，削去顶盖，内囊挖空，在皮上面刻出一条卧龙的图案，因为诸葛亮号"卧龙"，这就是西瓜盅。在西瓜盅的下面垫一张荷叶，以应"何老太太"。在瓜果的内里贮放菜肴，或者纯以瓜果待客，此法古已有之。

"三国'三母'"之二"荷生亮"　毕士荣江鲜馆　魏静制作

有"冬瓜盅""南瓜盅"和"西瓜盅",都久负盛名。有的瓜雕里面放食品,可以供人吃。有的瓜雕则纯是摆设,是让人以眼代口,供欣赏的。此只西瓜盅里面要放一支小小的蜡烛,点上,使它成为西瓜灯。如怕蜡烛有味道,可以用小电筒替代,这样这道菜就应了"亮"的口彩,是"荷生亮"的附会。

第三道是"吴氏生飞"。"无事生非"本是一个成语,被侯宝林歪说成了"吴氏生飞"。有学者考证,在古代,"吴"就是"鱼",吴国地处水乡,鱼虾多,因而以地产为国名,吴国就是"鱼国"。那么"吴老太太"也可以用鱼来替代。苏南和浙北一带喜欢吃糟鱼,也喜欢吃酱鸭,既是"飞",可以用禽类的翅膀来代表。一只盘里,放一条整的糟鱼,鱼肚里放一对盐水鹅的翅膀,这两样都是咸味的卤菜。也可以把鱼做成红

"三国'三母'"之三"吴氏生飞"　　毕士荣江鲜馆　魏静制作

酱味的，肚子里放一对酱鸭翅膀，翅膀是飞行的工具，它被包在鱼肚子里，就是"吴（鱼）氏生飞"了。

这三道菜的设计以乐趣为主，大家品尝美食时得其趣就可以了。

落凤坡

　　都说 "落了毛的凤凰不如鸡"，对人来说也是如此。一个曾经大富大贵的人，一旦失势，可能还不如普通的百姓。

　　庞统就是这样。

　　庞统，襄阳人，三国时名士，号凤雏先生。因避乱而寓居

"落凤坡"之一"黄瓜炒鸡丁"　毕士荣江鲜馆　魏静制作

江东，经鲁肃向周瑜推荐。当时周瑜正忙于赤壁大战前的准备，还没来得及见他，但已经派鲁肃向他问计了，庞统说，欲破曹公，宜用火攻，但大江之上，一船着火了，其余的船就会四面散开，不能全部被烧。只有给曹操献上"连环计"，让他把所有的船只都用铁链锁起来，才能成功。周瑜认为此计可行，就派庞统到曹营诈降。曹操接受了他的计，结果被黄盖纵火烧得全军覆没。

　　庞统立了此功后，回到东吴。鲁肃又向孙权推荐他，孙权看他浓眉掀鼻，黑面短髯，形容古怪，相貌丑陋，心中已经不喜欢。加之对话时言语不投机，认为他是狂士，便决定不用。诸葛亮在东吴时已经为庞统写了一封推荐信，现在他又拿着鲁肃的推荐信去见刘备。到了荆州，岂知诸葛亮外出巡视了，刘

"落凤坡"之二"鸡杂炒油条"　毕士荣江鲜馆　魏静制作

备见他丑陋，也是心中不喜，只是任命他做一名耒阳县令。庞统见只是担任一个小小的县令，心中不悦，整天喝酒，不理政事。刘备听说，派张飞前去巡察，问他为何这样。庞统说，这个小县，只有这点事，我只需半天就能办完。说完上堂，眼阅口答手批，不到半日，就把百日内积压的公事全部批阅完毕。张飞心中佩服，这时庞统才取出昔日诸葛亮的推荐信来。正好诸葛亮回来了，刘备道：昔日有人说卧龙、凤雏得一人就足以安天下，现在我二人皆得，足以振兴汉室了！于是拜庞统为副军师。

　　刘备派诸葛亮守荆州要地，自己领兵取西川，以庞统为辅。一路上庞统出计献策，立了一系列大功，显示了自己的智谋和才能。在攻打雒城的时候，刘备与庞统分兵两路，各自行进，约定到雒城会师。岂知被守将张任派兵在险要的山口处埋伏，

"落凤坡"之三 "麻辣鸡丝"　毕士荣江鲜馆　魏静制作

看庞统骑着白马到来，以为是刘备，下令放箭，一时万箭齐发，把庞统射死在落凤坡下。当年他才三十六岁，刘备损失一员谋士，痛不欲生！

庞统的道号叫凤雏，在落凤坡被箭射死，真正是"落了毛的凤凰不如鸡"了。

凤凰是中国传说中虚构出的神物，外形可能是以山鸡、白鹇、孔雀、鹰、鹤、鹦鹉等好几种禽类组合而成的，在自然中根本没有。因此，在菜肴上，一般都以鸡来代替凤凰。

鸡是中国人最普遍的大众食品，也是农业社会里最容易饲养、最容易取得的。在农村，一有客人来，主人一般都会杀鸡待客。中国以鸡做出的菜肴也是多种多样，远比外国的多。我在国外所吃到的鸡肉，几乎都是烤，难得有煮的。要想喝鸡汤

"落凤坡"之四 "鸡架汤"　毕士荣江鲜馆　魏静制作

或是吃炒鸡丝，那是难上加难。而且外国全是冻鸡，鸡头、鸡尾、鸡内脏全部被丢弃；可在中国，那可都是能够做菜的好食材。

中国人一般不吃烤鸡，但是以鸡为原料而做出的菜品最为丰富。鸡和猪肉一样，是中国菜谱里的全能冠军，但以其具有的鲜味来讲，则更胜猪肉。鸡在中国最普遍的做法就是炖鸡汤。鸡肉里富含蛋白质，也富含脂肪，用中国人的话来说，鸡汤最补人。各地炖鸡汤都有不同的方法，有的要添加其他东西，如火腿、笋片，有的甚至要加入中药材，使它的营养更丰富，口感更好。但一般人都认为炖鸡汤要纯，不必要加入其他东西，清炖出鸡汤就已足矣。最好的鸡是散养在田野里、吃粮食或虫子的，那样的鸡肉鲜美。千万不能吃人工饲料喂养的鸡，更不能吃喂生长激素的鸡。养在田野里的鸡，现在已是珍稀之物，被称为"土鸡"或"庄家鸡"。城里人到了乡下，就像当年鬼子进了村一样，到处找土鸡，不管什么价都要，有的一买就是十多只。

用田野里吃虫子生长的鸡来炖汤，滋味确实可口。鸡汤讲究清，它不同于肉汤或鱼汤，汤色要发白才鲜美。上等的鸡汤，汤面上浮着一层金黄色的油，把这层油撇开，下面的汤色是无色而清纯的，发出一股香味。这层鸡油是鸡身上的脂肪，富有氨基酸，最为鲜美。它浮在汤上，能够盖住汤里的热气，不让热气散发。云南的"过桥米线"靠的就是这层浮油，它能保温，甚至能够把投入到里面的生的肉菜烫熟，这样才能形成"过桥"的效果。一碗鸡汤端上来，从表面上看是一点儿热气没有，实际上下面的汤却是滚烫的，一不小心就容易烫了嘴。外国人偶尔也有煮鸡汤的，但根本没有那种沁人心脾的鲜美味，主要原因是他们用的是冻鸡。一次，我在罗马尼亚的一位朋友别墅里度假，见她家院子里散养着鸡，便请她炖一锅鸡汤来解馋。岂知到了午饭时光，端上来的只是烤鸡，却不见鸡汤。她把鸡杀了后，就直接放入烤箱里烤，煮鸡的水倒掉了。洋人毫不知道鸡汤的鲜美。

鸡汤好喝，但是汤里的鸡肉却不一定可口。因为一只鸡经过久炖之后，味已经入到汤里去了。何况鸡肉偏柴，纤维粗而长，哪怕是小鸡，吃在嘴里的口感也不太好。很多家长都把汤里的鸡肉往孩子的碗里搛，逼他们吃。可孩子咬咬，没味，丢掉，非常可惜。我有一种变通的做法：把煮熟的鸡肉从汤中取出，脱骨，然后把鸡肉用手撕成细细的丝，也把鸡皮撕成细丝，放在盘里，多拍点蒜泥放进里面；再加酱油、麻油、白糖、味精，加入一点辣椒油、一点花椒油，凉拌，稍稍入味后再吃，这样做成的"麻辣鸡丝"要比从汤里捞出来的白鸡肉好吃多了，无论是搭酒还是下饭，都非常可口。这道"麻辣鸡丝"可以当成"落凤坡"这道"三国菜"。最好用一只小鸡，因为庞统号"凤雏"。

如果事先有准备，那可以做个一鸡四吃的"落凤坡"。先把鸡的胸脯肉割下，切成肉丁，用盐略腌十五分钟。取四川泡菜里的泡生姜和泡辣椒，细细剁成末，拌入鸡肉丁里，放盐、味精、绍酒、水淀粉、调和油，抓匀。取一根黄瓜，去瓤，但不要去皮，切成与鸡丁相同大小的丁。先把黄瓜丁在油锅中煸炒一下，放一点盐，捞起。然后再加油，急火将鸡丁下锅，等鸡丁色变白，倒入黄瓜，略炒几下后装盘。这是第一吃。

把鸡的内脏——肝、肫、肠、心、蛋巢等洗净，一一切成片，放入酱油、味精、白糖、绍酒、调和油、淀粉、盐、姜丝，拌好，放点水，淹没食材为止。取一根油条，切成筷子粗细，再切成两寸长的段，在油锅内小火慢炒至脆，注意不能焦，装盘。再在锅内多放油，大火加热后，倒入鸡内脏，多炒几下，熟后，连卤带菜倒入装着油条的盘内，使淹没油条。端上桌，就是一盘口味特异的炒鸡杂，这油条要比鸡杂好吃，味道全浸里面去了。这是第二吃。

把剩下的鸡整只放入砂锅内，炖烂，取出鸡，拆骨，用鸡肉依"落凤坡"法做成"麻辣鸡丝"。这是第三吃。

鸡汤内可放入蘑菇后再炖喝其鲜美的汤。这是第四吃。

鸡的每一个部位都可利用，而且并没有增加成本，四道菜的口味都各不相同。如果要应景，也对得上"落凤坡"或"凤雏"的三国内容了。

子建吟诗

兄逼弟曹植赋诗

　　曹操征战一生，纵横天下三十余年，六十六岁时去世。《三国演义》中提及曹操五个儿子。刘氏所生曹昂，在宛城一战中战死；卞氏所生四子中，次子曹彰，勇冠三军，然而勇而无谋；四子曹熊，体弱多病，这三个都不是曹操理想中的接班人。他最喜欢三子曹植。曹植虽然文才出众，聪明天成，然而在曹操的眼中，他"为人虚华少诚实，嗜酒放纵"，并不适合做一个政治领袖来统治天下。他最后让长子曹丕来接任。

　　曹丕也是一位文学家，长于理论，著有《典论》等书。曹丕即位后，就设法杀掉了自己的两个弟弟曹彰和曹熊，还剩下他的心腹之患曹植，因此一心要找借口除掉他。正好这时有人来密报曹植在封邑临淄非议他，便令许褚率三千虎卫军，火速把曹植拿到洛阳来治罪。许褚到了临淄，只见曹植和手下的谋士尽皆醉倒在府堂上，还没有苏醒。许褚当下绑了曹植和手下，押赴洛阳。

　　曹丕正想以此来把曹植治罪，他们的生母前来哭诉求情。

曹丕虽然口头答应不杀曹植，但手下的谋士劝他说，倘若不杀，终为后患。于是，他的谋士给他出了一个主意，让他以试才为名来应对，若是不满意，就有了借口，这样天下人都不会说闲话了。

　　两个兄弟见面了，表面上的借口是试才，但却步步暗藏杀机。曹丕对曹植说："父王生前常夸你文章盖天下，但我总是怀疑你是由手下人代笔的。今天我们从情分上虽是兄弟，但在道义上却是君臣，限你在七步之内吟诗一首，如果能成，就免你一死。如果不能，那就从重治罪，不能姑息了！"

　　于是，这场看似是试才，其实是生死考验的测试，就在历史上留下了一个"七步成章"的佳话。曹植被逼无奈，只得要曹丕出题。正好墙上挂着一幅画，画上两头相斗的牛，一头牛

"子建吟诗"　　锦绣皇宫大酒店　　许国坤制作

已坠在井中而死。曹丕指着这幅画说："就以这画为题，诗中不许有'二牛斗墙下，一牛坠井亡'的字样。"曹植接过题目，才走了七步，诗已成诵：

两肉齐道行，
头上带凹骨。
相遇块山下，
欻起相搪突。
二敌不俱刚，
一肉卧土窟。
非是力不如，
盛气不泄毕。

曹丕听了，和群臣们皆惊。他又找借口说："你七步成章，我还觉得太迟了。你能应声而作诗一首吗？"曹植说当然能，即请命题。曹丕说："你我为兄弟，就以此为题，但诗中不许有'兄弟'的字样。"话音还没有落，曹植不假思索，诗已成：

煮豆燃豆萁，
豆在釜中泣。
本是同根生，
相煎何太急！

这个故事有两种版本,我写的这个是《三国演义》上的版本,说曹植是"应声而作",并不是七步成章,比七步成章还要快。另一个版本则说,当时的室内正在煮着豆子,曹植看到锅中的豆子和灶下的豆萁,才触景生情而作的。我想后一个版本恐怕不对,二曹的身份一是帝王一是王侯,他们所住的地方是王府宫殿,绝不可能在室内还燃着灶火、煮着食物。这样一件重要的大事,更不可能在厨房里举行,因此曹植不一定是看到豆子才作诗的,他只是借物而喻罢了。

曹植的这首诗中提到了豆这种食材,就可以做成一道"三国菜"。

黄豆是中国北方的植物,它原产于戎狄之地,后才传到中原。中国人的食谱中有吃豆饭的记录,也有吃豆羹的描写,看来主要是当主食。到了汉时,另有两种豆子沿丝绸之路传入中原。一种是蚕豆,这是原产于埃及的植物,后来被亚历山大带到西亚和中亚,再传入中国,所以被称为"胡豆",直到现在,四川人还把蚕豆叫成"胡豆"。另一种则是豌豆,这也是从西域来的,它的原产地据说是埃塞俄比亚以及环地中海一带,后传入大宛国,又传入中国,故而称之为"豌豆"。豌豆在中国的传播不广,也很少进入中国人的食谱,除了少数地区,一般都不吃它,甚至不会做。

豌豆的叶苗也能吃,而且有一股特殊的清香味。起先是四川人喜吃这种豆苗,称为"豌豆巅",巅者,尖也,端也,后扩大到了江南地区。清炒豌豆苗是一道很好吃的菜,味微苦,清嫩鲜美。碗豆苗不管是清炒，还是放入火锅里烫，味都极佳。江南一带把"豌"字读成"安"，因为它的口彩好，寓意着"平平安安"，在春节时的饭桌上都必须要有这一道菜的。

我就用豌豆来设计"子建吟诗"这道菜，有两种做法。子建是曹植的字。曹植的诗既然是以豆子为题，那么这道菜就是豆菜了，可做成咸、甜两种。

豌豆尚青的时候，那豆荚就是俗称的荷兰豆，豆粒非常嫩，可以把它从荚中剥出。要注意豌豆生长成熟的时候，变化最大，几乎是一天一个样，豌豆如果略微发黄，口感就老了，不好吃。

把豌豆粒洗净，选一块咸肉或火腿，肥瘦相间的。将咸肉或火腿切成细细的肉丁，比豌豆略小一点，不要剁成肉泥。把火腿丁煸炒熟，放入豌豆粒，加盐，再煸。然后加入水煮成汤，水略过豆就行。取一只番茄，烫一下，去皮，用手抓烂成茸，用油煸炒后，加入豌豆汤中，用小火慢慢煨，一个半小时后，尝尝豆子已经烂熟至透，就可吃了。这是一种"烘"的方法，四川称之为"烘粑豌豆"，因为火腿的味沁入豆中了，再加上番茄起鲜，味道很特别。

甜豌豆的做法是把豌豆煮得烂熟，然后压成豆泥，过滤去皮，在锅中用油反复煸炒，最好是猪油，边炒边加入白糖，使其成为重油重糖的口味。最后放入桂花，也可以加入一把炒熟的松子，以增加香味。

这两道菜都是以豆为食材，因为曹植吟诗的主题词就是豆，所以以它来做菜，主题非常明确。与黄豆或蚕豆相比，豌豆有一种特殊的清香，吃来可口。据专家考证，豌豆大概是在汉代时传入中国的。因此，二曹兄弟在三国时煮豆吃也就不奇怪了。曹诗说"煮豆燃豆萁"，说明他们那时也常食豆了。至于这两道菜是否用豆萁来做燃料，那就不重要了吧！

徐盛假城退曹丕

曹丕篡汉自立，改国号为魏，即位之后，雄心勃勃，意欲攻灭吴、蜀，一统天下。他听得这时吴、蜀联合，同心抗魏，有图中原之意，觉得不如先发制人，于是不听群臣劝阻，决意起兵南伐，以解心头之忧。

曹丕听从司马懿之议，监造龙舟十条，每条长二十余丈，可容两千余人。此外造战船三千余艘，发水陆军马共三十余万，又有曹真、曹休、张辽、许褚、张郃、文聘和徐晃等名将为佐，起兵南征。他自己坐龙舟，率领水军，沿蔡水、颖河过淮河到广陵，陈兵于长江北岸，兵锋指向江南，意欲一鼓而攻下对岸的南徐，然后进军建邺，灭掉东吴。

孙权听说曹魏大兵压境，逼近长江北岸，威胁南徐，急忙召集众臣来商议对策。大将徐盛出班，说愿率兵抗敌。孙权大喜，便命他为安东将军，总督建邺、南徐之军马。徐盛是一员身经百战的老将，即传令让众官军多置器械，多设旌旗，为守护江岸之计。

曹丕乘龙舟浩浩荡荡地到了长江北岸的广陵，扎下营寨。前部曹真回报说隔岸远望，并不见一兵一卒，也没有任何旌旗和营寨。曹丕不信，亲自前住江边观望南岸形势。他坐在龙舟上，遥望江南，只见对岸沿江的山川都清晰可见，只是不见一人，甚为奇怪。他问身边的谋士，是否可以就此渡江？谋士们说，兵家之事，虚则实之，实则虚之，必须要三思而行。就常势来看，我大兵压境，彼方应该临江而列阵，东吴却没有任何动静，极为可疑，必有诡计，倘若冒失渡江，也许中了计。不如再等个三五天，看有什么动静，然后再挥兵渡江不迟。曹丕也不敢贸然行事，便令按兵不动，静观其态。

　　曹丕宿在江中舟上。当夜月黑，北岸人马群集，灯火通明，亮如白昼，遥望江南，却不见半点儿灯火。曹丕更加生疑，问

　　"徐盛假城退曹丕"　　毕士荣江鲜馆　　吴开华制作

左右为何？左右说，恐怕孙权听说我军的势大，早就望风而逃了！曹丕心中当然高兴，踌躇满志。

拂晓时分，只见长江上大雾弥漫，对面看不见人，白茫茫一片，自然不知对岸动静。等到天明风吹散大雾后，只见对面沿江一带竟突然出现一排城墙，从南徐一直延伸到建邺的石头城，连绵不绝数百里，城墙上旌旗密布、刀枪耀眼。魏兵人人大惊，急报曹丕。曹丕见了也大惊，认为东吴有神人相助，竟然能够一夜之间就筑成连城！正在惊讶之时，忽然江中突起狂风骤浪，白浪滔天，一连有几艘大船都被倾覆。曹丕所坐的龙舟也左右颠簸，舟上的人一个个站立不住，几乎掉下江去。文聘急忙前来救驾，把曹丕背到小船上，上岸躲避。

曹丕受此番惊吓，又见东吴出此奇计，认为早有准备。恰好有人来报蜀汉派马超出兵阳平关，直取长安。他大惊失色，便令撤兵回许昌，就此罢兵。他叹息道，长江如此宽阔，就是用来界限南北的天堑啊！东吴能够一夜之间筑成此城，不是天神相助，就是有出众的人物相佐。我大魏虽有武士千万，却是无所用之，此乃天命也！

其实，东吴在一夜之间造出的这些城墙，却是徐盛的巧计。他早就命人用稻草、芦苇和木板等物，扎好了假的城墙。先是屏声静息，不作声势，故意迷惑魏兵。然后趁着大雾，一夜而就，堆起假城。他就用这些类似戏剧道具的假城，吓走了曹魏的三十万大军，可算是不战而屈人之兵的典型范例。

我想就这故事来做一道"徐盛假城退曹丕"的菜。这个故事里，已经提供了几个食材元素：一、地域是在长江南北，而且集中在扬州和镇江两地；二、徐盛筑城所用的材料是稻草、芦苇和木板等软质材料，也是植物性的材料，所以这道菜可以做成镇扬风味的素菜。因此有两种做法。

第一种是素食冷盘。取一只大长盘，在盘的一侧摆放雕刻好的瓜果，堆成山形。把烫熟后的芦笋和蒲菜、切成长条的茭白、扎好的金针菜等食材直着排列起来，做成一道"城墙"，靠在堆成山形的瓜果上。茭白较硬，可以用来雕成门楼和转角的马面（城墙上向外突出的部分叫马面）。墙上放一些用糖做成的小旗、小人。在盘的另一侧用大龙虾做一只龙舟，象征着曹丕的龙舟，里面放蘸料，或是其他素食材。周围放三只小龙虾，表示曹魏的船。以龙舟来对假城，是这道菜的中心。

第二种可以做成水果拼盘。用水果切成长条，直着排列，排成城墙形。可选用各种不同颜色的水果，如黄金瓜、西瓜、木瓜、哈密瓜、香蕉等。盘子的对面则放一只用烘蛋片做成的龙舟，里面摆放三色冰淇淋。这是一道色彩非常鲜艳的"城墙"，口味也好。

当然，这个故事与真实的史料是有差距的，且不说一场两国之间的大战会因为一些道具的摆放就取消，就说徐盛要能在一夜之间摆放好这些道具城墙就非易事，何况还要从建邺一直延伸到南徐，有数百里之长，这该是多大的工程？万一这天没雾呢？万一曹兵中有人眼力特好，看出这是假墙呢？万一曹丕不信，派一股小部队来江南侦察一下呢？让徐盛成功的巧事太多，这些都只能在小说中，经不住推敲的。

　　不过，我们宁信其有，不信其无，否则这故事的趣味就没有了，这道菜的趣味也没有了！

祭泸水汉相班师

诸葛亮祭泸水

刘备听说曹丕篡汉，便宣布自己是汉室的继统，称帝定都于成都，国号汉，史称蜀汉。但他不久即去世，诸葛亮辅佐刘禅主政期间，继续采取联合东吴抗击曹魏的政策，政局取得了暂时的稳定。诸葛亮事必躬亲，在一段时期之内，蜀汉国内夜不闭户，路不拾遗，经济繁荣，政治和经济都较稳定。

正在这时，南方的蛮王孟获起兵十万造反，已经连克数城，声势十分凶猛。孟获的部落是居于云南、四川一带的少数民族，是现今彝族和白族人的先祖，他见到蜀汉与曹魏、东吴屡有战事，便趁机起兵造反。对于身经百战的诸葛亮来说，孟获之兵虽然为数不多，但关系到蜀国的后方是否稳定的问题。蛮兵是少数民族，并不等同于魏、吴的那些敌国之兵，有很多人都是兵民不分的，他们前来打仗一是因为不服蜀汉的统治，二是为了经济利益，并没有一个明确的政治目的。何况孟获所居住的地方山水恶劣，不利作战，所以敌人虽少，却是不可以等闲视之。诸葛亮奏请后主刘禅，自己带兵亲征。临出征前，他意识到此战并不等同于去对付魏、吴两国的正规军队，认为"南蛮之地，离国甚远，人多不习王化，收服甚难"，因此，一开始，诸葛亮就定下了对付孟获不应一味地采取赶尽杀绝的政策，而是要采取恩威并施、刚柔相济的方针，来使南方的少数民族心悦诚服。

诸葛亮南征时所定的这一系列政策，事实证明是正确的。孟获虽是南蛮，他的起兵原因是不服汉人的管辖，也想获取一部分利益，但就军事实力来看，他是难以和诸葛亮的大军相匹敌的。所以此战虽然艰辛，但诸葛亮足智多谋，每次战斗都能取得胜利，即是书载的"七擒孟获"。但他每次在捕获到孟获之后，并不杀他，而是把他放回去，允许他再次带兵来战。等最后一战捉住孟获之后，孟获既为诸葛亮的军事才能所折服，

"诸葛亮祭泸水"　镇江大酒店　庄福根制作

也为他的信义而折服，拜伏于地说："南人不复反矣！"为了让孟获服气，用人不疑，诸葛亮并不置汉人官吏，一任孟获自己去治理，实行少数民族自治。后来的事实证明，南人再也没有反叛蜀汉。

诸葛亮既平南方，在班师回朝的时候，路过泸水，突然见到水中阴云四合，狂风骤起，兵不能渡。诸葛亮问孟获。孟获说，此水片毛不浮，按照当地习惯，是水中有猖神作祸，往来者必取七七四十九颗人头，和黑牛白羊以祭之，自然会风平浪静。诸葛亮说这都是我的错，我此役已经多杀了人，这是死后的冤魂在作孽，今事已平定，岂可再妄杀一人，但是不用人头来祭又不行。

诸葛亮即令随军的厨子宰杀牛马，和面为剂，用面来塑成人头，里面放入牛马肉的馅子，用以代替人头，命名为"馒头"。当晚，诸葛亮在泸水的岸上设香案，铺祭物，排列四十九盏灯，扬起招魂幡，把馒头等祭物铺在地上，于三更时分，自己亲自焚香祭奠，令人读祭文，其词十分悲伤。诸葛亮放声大哭，情动三军。祭毕，诸葛亮令人把这些馒头全部投于泸水之中，以飨阴魂。

诸葛亮首创的"馒头"这一食物，最初是祭祀之物，是代替少数民族的头来做祭祀的，所以称为"曼首"。在古代"曼""蛮"两字通用，"曼首"的意思就是"蛮子的头"。因为它是一种食品，后来又被加上了"食"字偏旁，转化成了"馒头"。但因为它有肉馅有面皮，滋味可口，所以又被称为包子。后来人们又做了进一步的区分，将里面没有馅心的称为馒头，里面夹入馅心的称为包子。但江南一带还有多地把内有馅心的称为馒头，上海就把著名的南翔小笼包子称为"小笼馒头"。馒头里的馅可用牛、马、猪、羊肉，还可有菜、豆沙、芝麻等许多品种，北方甚至有以粉条、煮黄豆、炒鸡蛋和豆腐入馅的。不过，由于失却了祭祀功能，这些馒头形状已不是人头状了，而呈扁圆形。

馒头由诸葛亮所创，到了今天也有一千七百多年的历史了。扬州和镇江一带都称馒头为包子，而且对它有一种特殊的嗜好。包子在这一带衍生出了许多品种，从一般的猪肉包子到菜肉包子、荠菜包子、蟹黄包子、三丁包子、虾仁包子、霉干菜包子、豆沙包子、翡翠包子、野鸭肉菜包子、香菇包子、青菜白果包子、笋肉包子等，极度丰富。镇江、扬州一带有喜食包子的习俗，平时早上到茶馆里，不仅是喝茶，还要买一些包子来吃。这些包子有大有小，有甜有咸，有厚皮包子，有薄皮的汤包，还有从包子演变出的蒸饺、烧卖、千层油糕等。有的酒店甚至开出了一款包子宴，可以罗列出几十种包子来。春节时，北方人包饺子、蒸馒头，南方人则是蒸年糕、做汤圆，镇江、扬州一带则是蒸包子。店里蒸，家里也自做。店铺里都是满笼满屉的包子，家家也都有满箱满盆的包子，大家互相赠送的礼品也大多是包子，而且品种众多，被称为杂色包子。人们从春节前就吃包子，可以一直吃到正月十五，包子代替了面、饭，这种习俗可谓是一种包子大观。有人若碰巧过节时遇到此盛状，见到诸葛亮之创已经在这一带形成一种特殊的包子文化，当会惊诧不已。

后记

央视连续两次播放《舌尖上的中国》，把中国的饮食文化炒红了，也把人们的胃口炒刁了。现在各地都在打造套菜，喜欢冠以"文化"之名，比如什么"红楼梦宴""宫廷宴""乾隆宴""钱王宴""唐宫宴""随园菜"等，这其中有许多是从书本中挖掘出的传统菜，但也免不了有不少是牵强附会的菜式。但从旅游的角度来看，有了这些菜，地方文化的趣味性会更强，对菜的讲究度会提高，也未必是件坏事。

前几年，偶然有朋友来请我策划一桌"三国宴"。因为敝乡镇江曾是三国时代东吴的治所，留存在这里的三国故事非常多，比如"孙刘联盟""诸葛亮周瑜蒜山定计""甘露寺招亲""太史慈大战小霸王""乔国老和二乔"等，真假相杂，但都非常有趣。做菜并不是研究历史，不需要做过多的考据，只要有一点由头就行。但也不能完全无视历史，胡编乱造。于是，我就随意说了几个创意菜，都是天马行空般的海吹。他听了很感兴趣，让我又策划了几十道菜，说是要让厨师一一做出。

岂知，这一等就是一年，我想象中的"三国宴"一直没有推出来，我想可能这菜的创意性太强了，不合传统厨师的口味，或者这家酒店对文化没兴趣，不愿做或是做不出。我本非烹饪界中人，也就把此事搁在一边了。

第二个岂知，一位朋友请我吃饭，听我在席间谈起我的"三国宴"，当即拍板让我创意，由他来实践。他叫来了两位大厨，一位点心师，一位调酒师，来听我侃，两个月后，竟然把我策划的那些"三国菜"做了十几样端了出来，这真是大出我所料！这套"三国宴"成了那家酒店的看家菜、招牌菜，每次只做一桌，很受好评。

第三个岂知，一年后，因为这家酒店被归并，会做"三国宴"的厨师也带着我的创意远走高飞、另投高门了。

这时有了第四个岂知：我的"三国宴"闹大了。这一年我到北京，生活·读书·新知三联书店的几个朋友请我吃饭，我在桌上又吹起了"三国宴"。不料引起了他们的兴趣，等我刚回到家，编辑唐明星就来电问我是否愿意将这套"三国宴"写成书。这事儿来得太轻松，我当然愿意与他人分享。没出一个月就写好了文稿，很快就通过了。吃饭本是一件赏心乐事，创意"三国宴"也是一件赏心乐事，将其写出来与大家分享，更是一件赏心乐事。几乐相凑，又何乐而不为呢！

但最麻烦的事是需要做出菜来拍照配图，书读来才有直观感，这就不容易了，因为这些菜全要靠大厨们来做，有的酒店愿意，有的酒店虽愿意却没能力，就一直拖下来了，迟迟没能交出图片稿。

这时我想到了镇江的旅游学校，它们以烹饪为主打课程，已经有了几十年的历史。我找到杨新校长，给他又吹了下我的这项创意，请他配合帮我把这些菜做出来，再拍照。没想到他大加赞赏，说让这套历史文化菜进学校，正是巴不得的好事，也能让学生们知道镇江市的文化底蕴，传承下去。他正想成立一个烹饪研究所，就把这套菜的研发作为该所的首要之务，也作为该所的保留菜系。于是，他专门让人来负责此事，请来了全市几家大酒店里顶级的大厨，集全市餐饮之力来帮我做。这事终于两全了。

　　"三国宴"的出发点虽近乎游戏，着眼点是趣味，但为了策划好这一套菜，事先的准备还是要认真的。因为菜式和食材无非就是那些，倘若加入了《三国演义》的故事，那就成了一种文化，它就把普通菜馔的档次提高了。现在生活水平提高了，谁家不是经常上饭店？谁没有见识过几十道菜？所以，要想区别于他人，只有从文化上下功夫。但《三国演义》不像《红楼梦》，书里并没有更多地写到三国时代人们的生活起居，它的着眼点是政治和军事而非生活细节。因此，要想到《三国演义》里去找现成的菜式是比较难的，只有根据书中的故事来创造菜谱，提取书里的一些文化元素，做更多的演绎和拓展。

　　现在许多所谓"文化菜"，有的比较贴切，但有很多都只是着眼于从谐音上做一些附会。比如把甲鱼烧鸡说成是"霸王别姬"，究其原因，只是因为甲鱼又称王八，把王八倒过来就成了"霸王"，鳖是"别"，鸡则是"姬"，非常牵强。

　　"三国宴"里设计的菜，有一类是书中现成就有的，只是平常大家并不注意，如"煮酒论英雄"和"望梅止渴"就提到了酒和梅子。"左慈戏曹操"里面就提及了几种食物，可以进行拓展。"斩杨修"里也有"一合酥"和"鸡肋汤"两种食物可移用。"诸葛亮七擒孟获"的故事里就有现成的"馒头"典故可用。而"孔融让梨"和"陆绩怀橘"的故事其实也暗藏在书中，只是没有被发现而已。

另有一类是从历史上寻找根据，如胡饼是在汉代从西域传入中国的，汉灵帝喜欢食胡饼，曾用此赏赐大臣和军士，因此就有了"汉灵帝胡饼劳军"的创意。孙权是在建安十四年于京口筑城的，筑城用砖头，这就可以把外形似城砖的镇江肴肉与之结合，成为"孙权筑城"冷荤。

还有的菜是根据《三国演义》中的故事进行演绎，加以形象化而来。如"草船借箭""锦囊妙计""落凤坡""舌战群儒"等，又如"许褚裸衣斗马超""苦肉计""美人计""走为上""黄巾乱世""白衣渡江"等。

有的菜还要根据民间传说和戏文来做拓展，比如《三国志》上并没有"刘备招亲"的记载，但民间已经把这一传说当成了正史，有声有色，非常富有趣味，我们就没有理由拒绝。如"乔国老做寿""芦花荡"等。

还有一些可资借鉴，那就是相声《歪批三国》，这是侯宝林大师的作品，他以谐谑调侃的手法对《三国演义》进行了夸张，其中也有很多可取的。如"赵子龙老卖年糕（老迈年高）""三国'三母'"等。

此外，有的菜是对书中的某些蛛丝马迹进行的扩大或附会，如周瑜擅长弹琴，就用拔丝的方式做鱼，暗含"瑜（鱼）"和"琴弦"两个元素在内。如"桃园三结义"是按照刘、关、张三人的职业来创意。有的只是一个形式上的附会，如"孙坚获玺"、曹操的"割须弃袍"和"割发代首"等。

当然，最差的一种就是根据谐音来做菜，那是一种无奈也无聊的办法，是不得已而为之的，也是懒人的主意。

我设计的"三国宴"，并不完全按照传统菜单来做，有的在食材上或是做法上有所创新，如"苦肉计"中把苦瓜塞肉做成"囧"字，"桃园三结义"中用了培根和椰枣，"水淹七军"中用了台湾点心"棺材板"，"蔡邕书经"中用鳕鱼，都是刚刚才传入的全新食材，具有现代意义。

对于"三国宴"，必须持游戏的态度，只要做得有趣，只要把菜中蕴含的三国故事说得有趣，就可以了，不必深究其中的真义。吃菜本是一种享受，在色、香、味、形之外，再加上一点文化，听一点有趣的故事，更是乐事。

"三国宴"中的菜式，大厨在实际操作时，与我的设想有些距离，因为我非大厨，要一下子推出十几道菜来接待很多客人，很难。而且我考虑的只是菜式是否符合《三国演义》的故事情节，只是根据一个故事来设计出一道菜，而他们却要根据这些菜设计出一桌宴席来，要有冷拼、热炒、大菜、甜点、荤素搭配和汤的综合考虑，因此我的初想与大厨的实际操作是不能比的。但也多亏了有这些大厨，才得以使我的纸上谈兵变成了实际可见的盘中餐。大厨们在制作这些菜时，也加入了自己的创造，最后做出来的菜也许和我最初的创意并不相符，这并不是水平高低的问题，而是他们自己的理解和创造的区别，我也把这些菜照样收入。每一位读者在读到此书之时，务请不要把它当成现成的、规范的、不可改动的菜谱，如果想做来吃，可以仿照，也可以根据自己的想象来进行改造和创意，因为我的这些菜式不是文物，也不是"非遗"，不是经典，不是自古流传下来的，更不是不可以更改的，而是可以随机调配的。

由于我的创意和具体制作上存在着差异，因此本书的文字和图片不可能是完全一致的，文字是我自己的创意，而图片则部分归于厨师的技艺。我也考虑到某些菜在制作上有难度，如"公瑾操琴"一菜中，厨师们对古琴的造型以及弹琴的道具不会有很深的了解，也有人做成了琵琶。但此菜中最难做的还是琴弦，因为它是用拔丝来做成。拔丝一般是绕圈拉成的，要做成长长直直的形状就非常困难，还要把它泡在汤汁里不溶化，更是非常困难。有的大厨想到了用其他食材来代替，比如用粉丝、用切割的蛋皮等，但都不如亮晶晶的拔丝漂亮，这只能勉为其难了。

"三国宴"并非豪宴，它在食材上并不过于讲究，有极为便宜的菜，如苦瓜、豆腐；贵的有乌参和鱿鱼；最贵的要数"舌战群儒"里用十六只河豚的嘴来围着一堆鸭舌。但贵贱都无妨，因为此菜重的是文化，文化是无价的。

"三国宴"里的有些菜与普通菜并无二致，但在加入了三国的文化元素后，这菜就有趣了，档次也提高了。端上菜后，听人在一旁加以讲解，一一点出其来历和故事，加之大厨的精心烹制，食客们都忍不住食指大动，不停拍照，说是舍不得吃。我便进一步设想：要把这些菜式印一个特别的菜谱，一个用竹简做的菜谱，用隶字来写，吃完让客人可以带走留存纪念，那岂不更好？中国一向讲究美食美器，为了突出三国文化，"三国宴"的餐具也要特制，不能用一般的白瓷，因为东汉时还没有白瓷器，最好是用黑陶制的陶器，显得粗犷大气。不用酒杯，而用黑陶制的爵、壶，每人面前一套，或是用漆来制作的觞（汉晋时喝酒用的耳杯）。有些特殊菜式的容器要特制，如用漆器来做 "一合酥"的盒子，用紫砂或黑陶来制作"三国鼎立"的鼎。筷子和调羹都用漆器。"三国宴"的包厢要按照东汉的风格来装潢，在墙上挂一副仿制的盔甲，挂一架古琴，点一盏汉式的枝形宫灯；墙角立个武器架，把刀、枪、剑、戟这些武器都插上去，摆一只仿汉的博山炉宫熏，点上香。服务员穿上汉代的长袖服装，最好要有歌舞表演。这样一些陈设，加强了饮食与环境的协调，对于外国游客来说，是非常具有吸引力的，即使是一般的中国游客，也会感兴趣。

虽说"君子远庖厨"，但历来的中国文人都嗜口腹之欲，都标榜自己是美食家。到了宋代，苏东坡更是把吃这一件事推到了高潮，为后人留下了若干道以他名字命名的菜馔，也在他的文集中留下了无数谈吃道饮的文字，他毫不忌惮文人谈吃。明清之际，更有李渔、袁枚等人，都有自己的私房厨子，还一一写出菜单以飨他人。画家张大千名震中外，外出必带厨师，自己还动手做菜。食色，性也，文人谈饮食已是件雅举。因此，我追随其后，也毫无顾忌了。自从设计出了这套"三国宴"后，不敢专享，逢有宴会场合，便四处鼓吹，以求闻达于诸饕。

但是有一点要说明，我的这本书，并不是一本菜谱，它的功能不是教人怎样做菜，也不是"舌尖上的三国"或是"厨王争霸"之类的，它的重要性在创意。我只是提出一种可能性，把三国文化和饮食文化结合起来。至于这个菜如何去做，还是要去问大厨，或者去问肯接受我的创意菜谱的大厨。它并不是一本餐饮界内的操作指南，如果你觉得有趣，不妨去试着做做，如果做不出，那也别怪我。因为我的本意就不是教会你做菜。

此书创意一年，写稿一月，而做菜拍图则用了一年半，时间全花在了制作菜的过程上，这充分说明文人远庖厨的不利。不管怎么说，我在书末要感谢祁辰，是他第一个把我"三国宴"的纸上创意变成了桌上的佳肴美味。感谢杨新校长，是他把我的创意变成了镇江市烹饪研究所的保留菜单，变成了经典文化。感谢孙箭老师，他为我的制作四处寻找厨师，组织制作。还要感谢听鹂山庄、镇江大酒店、国际饭店、碧榆园、宴春酒楼、避风塘大酒店、毕士荣江鲜馆、高邮人家、锦绣皇宫以及扬中白玉兰大酒店的多位大厨们，是他们帮助了我，把文字变成了美味。

当然更要感谢吾友摄影家陈大经先生，没有他的高明技术，是不可能有这些漂亮图片的。

王　川

2017 年 1 月 8 日